0 ~ 12개월까지 우리 아이 육아 매뉴얼

THE BABY
초보 엄마 육아 대백과
OWNER'S MANUAL

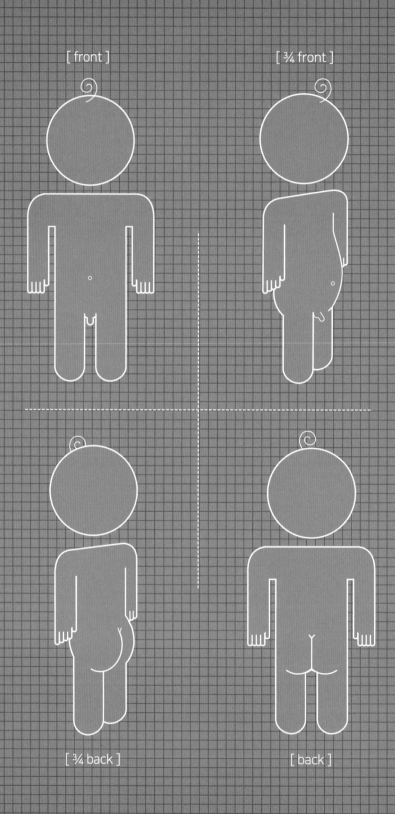

[front]

[¾ front]

[¾ back]

[back]

0 ~ 12 개 월 까 지 우 리 아 이 육 아 매 뉴 얼

THE BABY
초보 엄마 육아 대백과
OWNER'S MANUAL

루이스 보르제닉트·조 보르제닉트 지음
폴 케플·주드 버펌 일러스트레이션

BOOK
AGIT

| CONTENTS

아기의 탄생을 축하합니다!

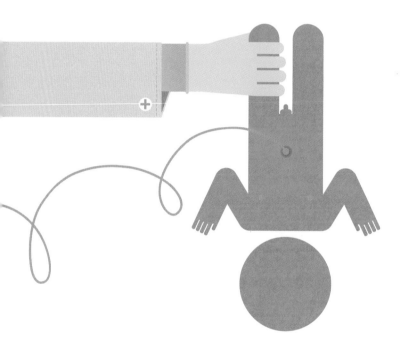

 잠깐!

본격적인 시작에 앞서 아기의 몸을 구석구석 살펴보자. 아기의 신체 각 부분에 대해 설명한 p.17~19의 내용과 우리 아기의 몸을 비교하여 꼼꼼히 확인한다. 만약 신체 부위 중 잘못되었거나 제 기능을 발휘하지 못하는 부분이 있으면 즉시 의사와 상의한다.

이 책의 활용법

아기는 여러분이 갖고 있는 기기들과 놀라울 정도로 비슷합니다. 컴퓨터가 작동하기 위해 전원이 필요한 것처럼 아기도 다양한 행동이나 기능을 위한 에너지원이 필요합니다. 잉크젯 프린터의 헤드를 청소해 줘야 하는 것처럼 아기의 머리도 깨끗하게 씻겨 줘야 합니다. 자동차와 마찬가지로 아기 역시 좋지 않은 냄새를 배출할 때가 있습니다.

그러나 둘 사이에는 중요한 차이점이 있습니다. 컴퓨터나 프린터, 자동차와는 달리 아기는 사용설명서가 없다는 것입니다. 《초보 엄마 육아 대백과》는 갓 태어난 아기에게서 최대의 성능과 최적화된 결과를 이끌어 내도록 이해하기 쉽게 만든 가이드북입니다.

이 책을 처음부터 끝까지 다 읽을 필요는 없습니다. 엄마가 찾아보기 편리하도록 모두 7개의 장으로 나뉘어져 있습니다. 궁금한 점이 있거나 어떤 문제에 부딪혔을 때 다음의 각 장을 찾아서 펼치면 됩니다.

아기 맞을 준비와 방 꾸미기

아기를 맞이하는 가장 좋은 준비 방법을 설명하고 있습니다. 아기 방 꾸미기뿐만 아니라 유모차, 아기 띠 등 아기를 데리고 다닐 때 필요한 용품 고르기에 관한 유용한 정보를 담았습니다(p.22~39).

아기 돌보기

아기를 다루고, 안고, 달래는 효과적인 방법들이 나와 있습니다. 아기 마사지하기, 포대기로 싸기와 같이 복잡한 과정들을 알기 쉽게 그림으로 설명하고, 아기의 지능 발달을 돕는 장난감들도 소개합니다(p.40~69).

젖 먹이기

아기의 영양 공급에 대한 자세한 설명으로 초보 엄마의 이해를 도와줍니다. 모유 수유, 젖병 수유는 물론, 아기 트림시키기, 이유식 시작하기에 대해서도 자세하게 설명합니다(P.70~109).

아기 재우기

아기가 밤새 숙면을 취할 수 있도록 건강한 수면 습관을 길러 주는 방법들을 알려 줍니다. 아기의 수면 장애 해결법, 아기가 쉽게 잠들지 못할 때의 대처법, 아기 잠자리 꾸미기에 대해서도 자세히 소개합니다(p.110~131).

아기 위생 관리

갓 태어난 아기의 안전과 위생, 건강한 생활을 위해 매우 중요한 사항입니다. 기저귀 갈기, 목욕시키기, 머리 손질하기에 대한 자세한 설명이 있습니다(p.132~161).

성장과 발달

아기의 반사 작용을 테스트하고 중요한 발달 단계를 확인하는 법을 알려 줍니다. 또한 기어 다니기, 붙잡고 일어서기, 옹알이와 같은 아기의 발달 행동과 감각 반응에 대해서도 설명하고 있습니다(p.162~189).

아기 안전과 응급 상황

아기의 주변 환경을 가장 안전하게 하는 방법, 하임리히법*과 심폐소생술에 대한 설명과 함께 아기의 건강 상태를 체크하는 방법에 대해서도 설명하고 있습니다. 그뿐만 아니라 유아 지방관,** 딸꾹질, 유행성 결막염 같은 가벼운 질병까지 모든 증상에 대해서 참고하게 하였습니다(p.190~225).

---

* 음식이나 물건이 기도에 걸렸을 때 뒤에서 안아 흉부에 강한 압박을 주어 뱉어 내도록 하는 처치 방법.

** 유아의 정수리 부분이 건조하고 누렇게 되는 피부 질환, 심한 경우 가려움증을 유발하고 2차 세균 감염으로 곪을 수 있음.

아기 다루는 법을 이해하기 위해서는 연습이 필요합니다. 그런 점에서 인내심을 갖는 게 중요합니다. 앞으로 몇 달 동안 여러분은 좌절감과 무력감, 절망감에 시달릴 수도 있습니다. 이러한 감정들은 흔히 있는 일이며, 시간이 흐르면 지나가게 마련입니다. 머지않아 기저귀를 갈고 젖병을 데우는 일이 컴퓨터를 켜거나 시계의 알람을 맞추는 것만큼이나 쉽게 느껴지는 날이 오게 됩니다. 지금부터 아기 돌보기의 진정한 기쁨을 만끽해 보세요!

그 밖에 아기에게 필요한 것들 :

갓난아기를 돌보고, 다루고, 관리해 주기 위해서는 다음의 용품들을 가까운 곳에 두어야 한다.

젖병	분유	분말 이유식	빨대 컵
고무젖꼭지	스펀지	아기 비누	수건과 포대기

베이비샴푸　베이비크림　배리어크림(아토피 보호크림)　베이비로션　유아용 물티슈

기저귀	외출복	모자	장난감

아기 몸의 구조와 신체 부위

모든 아기는 태어날 때부터 다음과 같은 특징과 능력을 가지고 있다. 만약 아래에 설명하는 기능 가운데 아기에게 하나 이상 잘못된 부분이 있다면 즉시 소아과에 문의한다.

머리

머리

머리 모양은 아기에 따라, 또는 출산 방법에 따라 처음에는 비정상적으로 커 보이거나 원뿔형으로 뾰족하게 생긴 경우도 있다. 원뿔형 머리는 생후 4~8주 정도 지나면 점차 둥근 모양이 된다.

머리 둘레

신생아의 평균 머리 둘레는 35cm이다. 32~37cm 정도면 정상이다.

머리카락

태어났을 때 머리카락이 있는 아기도 있고, 없는 아기도 있다. 머리카락 색은 다양하다.

천문(대천문과 소천문)

'숫구멍'이라고도 한다. 천문은 아기의 두개골이 아직 완전히 결합되지 않아 벌여져 있는 두개골 사이의 틈이다. 천문에는 압력을 가해서는 안 된다. 생후 1년 정도가 되면 천문은 완전히 닫힌다.

눈

동양인이나 흑인 아기의 눈은 보통 갈색을 띠며, 백인 아기의 눈은 대개 푸른색 또는 회색을 띤다. 홍채의 색깔은 처음 몇 달 동안 여러 번 바뀔 수 있다. 생후 9개월에서 12개월 정도 지나면 눈의 색깔이 정해진다.

목

목은 출생 직후에는 '아무 쓸모가 없는' 것처럼 보인다. 이것은 신체적 결함 때문이 아니다. 2~4개월 정도가 되면 아기는 목을 가눌 수 있게 된다.

몸통

피부

아기의 피부는 세탁하지 않은 새 옷에 남아 있는 화학물질에 매우 민감하다. 또한 일반 세제에 함유된 화학물질에도 취약하다. 집 안의 모든 세탁물을 세탁할 때 화학물질이 첨가되지 않은 무향의 세제로 바꾸는 것을 고려해 본다.

탯줄

탯줄은 딱지가 되어 몇 주가 지나면 떨어진다. 청결하고 건조하게 관리해 주어야 감염되지 않고 건강한 배꼽으로 자리 잡는다(p.220 참고).

항문

아기의 대변이 배출되는 곳. 체온계를 항문에 꽂아 체온을 잴 수 있으며, 정상 체온은 37℃ 정도다(p.204 참고).

생식기

생식기가 약간 부풀어 보이는 것이 정상이다. 아기의 생식기는 앞으로의 크기나 모양에 영향을 미치지 않는다.

솜털

대부분의 신생아들은 어깨나 등이 보송보송한 솜털로 덮여 있다. 솜털은 몇 주 지나면 없어진다.

몸무게

갓 태어난 아기의 몸무게는 평균 3.4kg 정도 된다. 대부분의 아기가 2.5~4.5kg 사이다.

키

갓 태어난 아기의 키는 평균 50cm 정도 된다. 대부분의 아기가 45~55cm 사이다.

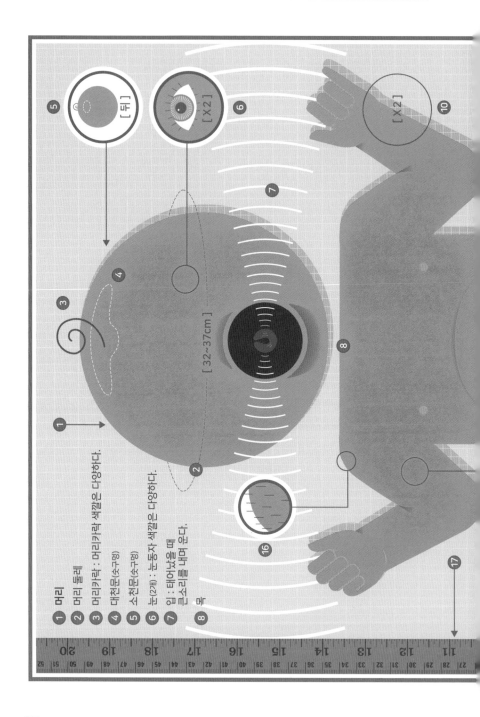

[부]

[X 2]

[X 2]

[32~37cm]

머리

1. 머리
2. 머리 둘레
3. 머리카락 : 머리카락 색깔은 다양하다.
4. 대천문(숫구멍)
5. 소천문(숫구멍)
6. 눈(2개) : 눈동자 색깔은 다양하다.
7. 입 : 태어났을 때 큰소리를 내며 운다.
8. 목

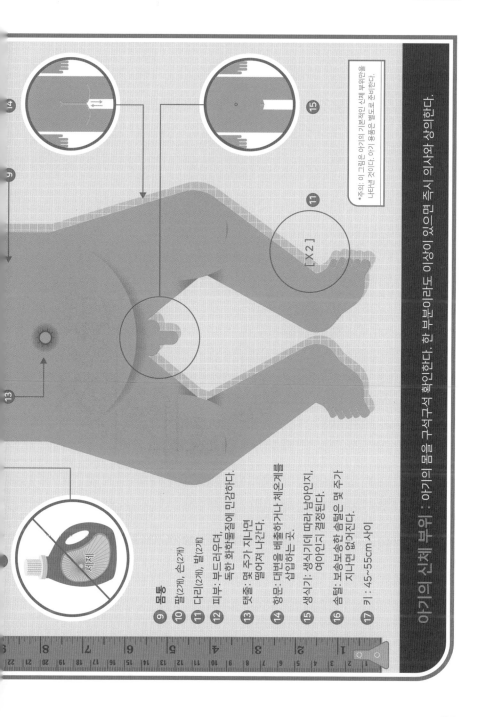

아기의 신체 부위 : 아기의 몸을 구석구석 확인한다. 한 부분이라도 이상이 있으면 즉시 의사와 상의한다.

*주의: 이 그림은 아기의 기본적인 신체 부위만을 나타낸 것이다. 아기 용품은 별도로 준비한다.

[X2]

세제

⑨ 몸통
⑩ 팔(2개), 손(2개)
⑪ 다리(2개), 발(2개)
⑫ 피부 : 부드러우며, 독한 화학물질에 민감하다.
⑬ 뱃줄 : 몇 주가 지나면 떨어져 나간다.
⑭ 항문 : 대변을 배출하거나 체온계를 삽입하는 곳
⑮ 생식기 : 생식기에 따라 남아인지, 여아인지 결정된다.
⑯ 솜털 : 보송보송한 솜털은 몇 주가 지나면 없어진다.
⑰ 키 : 45~55cm 사이

21

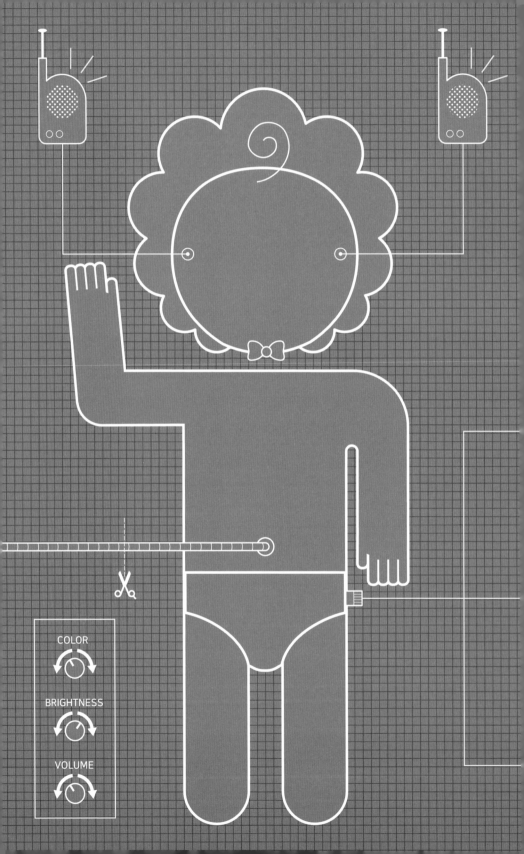

COLOR

BRIGHTNESS

VOLUME

CHAPTER 1

아기 맞을 준비와
방 꾸미기

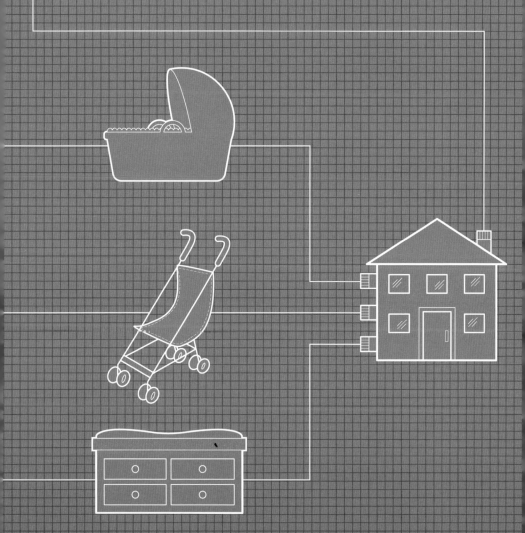

집 안 단장

갓난아기는 이동 능력이 제한되어 있기 때문에 아기에게 안전한 환경을 만들어 주기 위해 당장 신경 쓸 필요는 없다. 하지만 다음과 같은 준비는 아기가 태어나기 전에 미리 해 두는 것이 좋다.

1 집수리는 아기가 태어나기 전에 미리 끝낸다. 아기 뒤치다꺼리를 하다 보면 집수리는 몇 년 혹은 심지어 수십 년까지도 미뤄질 수 있다.

2 실내 온도를 적정하게 조절하고 수시로 확인한다. 아기는 생후 몇 개월 동안 도움을 받지 않고는 스스로 체온을 조절할 수 없다. 신생아에게 가장 적합한 실내 온도는 섭씨 20~22℃ 정도다.

3 집 안을 구석구석 청소한다. 물건을 사용하고 나면 바로 치우고, 식사가 끝난 뒤에는 주방 청소를 한다. 출산은 깜짝 선물과 같다. 미리미리 준비해 두자.

4 식료품을 넉넉히 비축해 둔다. 식품 저장고에 건조식품을 채워 두고, 냉동식품도 충분히 구입해 둔다. 일단 아기가 태어나면 마트를 누비며 장을 보는 것이 훨씬 어려워지기 때문이다.

5 음식을 미리 조리해 둔다. 음식을 미리 만들어서 얼려 두면, 아기가 태어난 뒤 몇 주 동안 충분히 먹을 수 있는 양의 음식이 확보된다.

 전문가 한마디
아기가 태어나기 전 마지막 4주 동안은 긴급 상황이 발생하기 쉬우므로 언제든지 병원으로 갈 수 있는 준비 태세를 갖춰야 한다(자동차 연료를 충분히 보충, 멀리 여행가지 않기, 담당 산부인과의 비상연락 체제 유지 등).

아기 방 꾸미기

　요즘에는 아기 방을 따로 꾸며 주는 부모들이 많다. 아기 방은 아기가 태어나기 전에 미리 꾸며 두는 것이 좋다. 물건과 도구들을 필요할 때 즉시 찾아 쓸 수 있어야 하기 때문에 방 구조를 잘 꾸미는 것이 중요하다.

아기 침대

아기 침대는 아기 방에서 가장 중요한 물건이다. 아기 침대의 위치가 안전한지, 편안한지, 접근하기 쉬운지 등의 순서대로 고려하여 정한다.

안전성

아기 침대는 창문이나 에어컨, 온풍기, 히터, 커튼 줄처럼 낮게 매달려 있는 물건, 액자나 전등처럼 떨어질 위험이 있는 물건 등으로부터 떨어진 곳에 두어야 한다. 부드러운 카펫이나 작은 깔개 위에 놓는다.

편안함

아기 침대가 방 한쪽 구석에 있으면 아기가 안정감을 느낀다. 직사광선을 피해서 두도록 한다.

접근성

아기 침대를 방문에서 보이는 곳에 두어 부모가 아기의 상태를 한눈에 확인할 수 있도록 하는 것이 이상적이다.

★ 아기 침대 고르는 법에 관한 더 자세한 정보는 p.112를 참고한다.

그 밖의 아기 방 용품

흔들침대 또는 흔들의자

흔들침대는 방 한쪽 구석에 두어 소중한 놀이 공간을 낭비하는 일이 없도록 한다. 흔들침대 옆의 조그만 탁자 위에는 트림시킬 때 쓸 부드러운 헝겊, 밝기 조절이 가능한 전등, 책, 수유 시간을 맞추기 위한 시계, 따뜻한 포대기 등을 올려놓는다.

장난감 상자

공간이 협소하다면 아기 침대 밑에 밀어 넣을 수 있도록 높이가 낮은 장난감 상자를 사용한다.

가습기

아기 방에 가습기를 둘 때는 아기 침대에서 최소한 1m 정도 떨어뜨려 놓는다. 아기 침대에 습기가 닿으면 세균이 번식할 수 있다.

온도 조절 장치

집 안에서도 방마다 온도가 다르기 때문에, 아기 방에 온도 조절 장치를 설치하는 것이 좋다. 아기 방의 실내 온도는 섭씨 20℃가 적절하다.

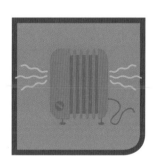

실내 난방기

아기 방에 난방 기구를 둘 때는 아기 침대를 비롯해 모든 인화성 물질로부터 멀리 떨어진 곳에 둔다. 히터를 틀어 놓았을 때는 지켜보는 이 없이 자리를 떠서는 안 된다.

야간등

아기의 시야를 피해 아기 침대 근처나 밑에 야간 등을 둔다.

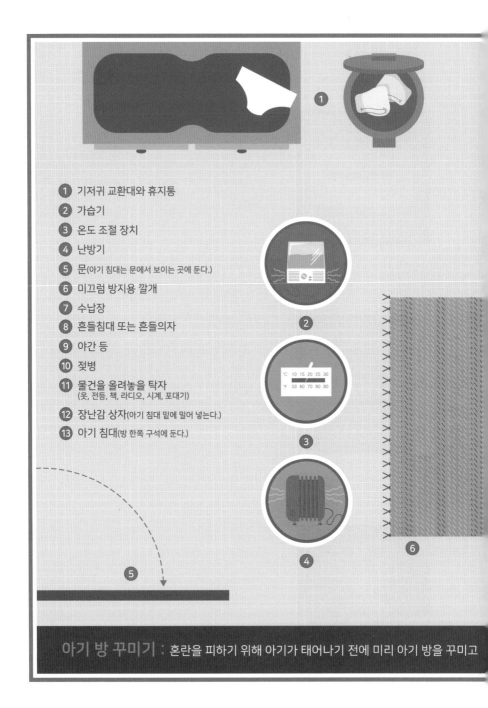

1 기저귀 교환대와 휴지통
2 가습기
3 온도 조절 장치
4 난방기
5 문(아기 침대는 문에서 보이는 곳에 둔다.)
6 미끄럼 방지용 깔개
7 수납장
8 흔들침대 또는 흔들의자
9 야간 등
10 젖병
11 물건을 올려놓을 탁자
(옷, 전등, 책, 라디오, 시계, 포대기)
12 장난감 상자(아기 침대 밑에 밀어 넣는다.)
13 아기 침대(방 한쪽 구석에 둔다.)

아기 방 꾸미기 : 혼란을 피하기 위해 아기가 태어나기 전에 미리 아기 방을 꾸미고

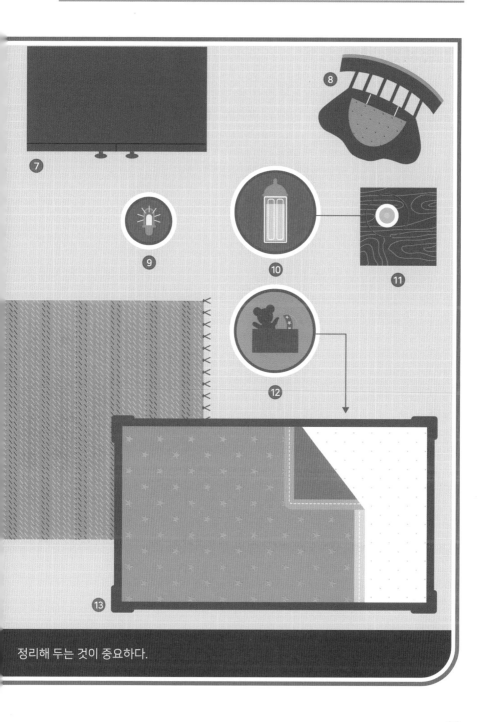

정리해 두는 것이 중요하다.

꼭 필요한 아기 용품

모든 아기들은 수면 용품에서부터 목욕 용품에 이르기까지 다양한 아기 용품을 필요로 한다. 아래의 목록은 아기의 생후 1개월 동안 가장 필요한 용품들이다. 아기가 태어나기 전에 아래의 용품들을 대부분 구입해 두는 것이 좋다.

수면 용품
- 아기 침대 시트 두 세트
- 포대기 4~6장
- 아기 침대 모서리 완충 쿠션

기저귀 용품
- 물티슈(무알코올)
- 배리어 크림(아토피 보호 크림)
- 피부 발진 크림
- 베이비 로션
- 면봉
- 천 기저귀 36~60장, 기저귀 커버 6장 또는
- 신생아용 일회용 기저귀 1~2팩

수유 용품
- 트림용 수건 6~12장
- 수유 브라 2장
- 수유 패드 4장
- 라놀린 연고*

---

* 엄마의 유두에 상처가 났을 때 바르는 연고. 흡수성이어서 연고를 바른 뒤 닦아 내지 않고도 즉시 수유가 가능.

- 120㎖짜리 젖병 4~6개와 신생아용 젖꼭지
- 유두 보호기
- 유축기, 모유 보관용 젖병, 가방 또는
- 분유 일주일 분량

옷
- 배냇저고리 5~7벌
- 우주복 3~5벌
- 원피스 형 잠옷 3~5벌
- 양말 3~5켤레
- 할큄 방지용 손싸개
- 모자 2~3개
- 털옷 1벌, 스웨터, 외투(기후에 맞게 준비한다.)

목욕 용품
- 아기 욕조
- 모자 달린 목욕 가운 2~3장
- 수건 2~3장
- 아기용 목욕 비누
- 베이비 샴푸
- 손톱깎이 세트
- 콧물 흡입기

외출할 때 필요한 용품

아기를 데리고 외출하려면 특별한 용품들이 필요하다. 다음의 가이드라인을 참고하여 각자의 생활 방식에 맞는 용품을 선택하자.

아기 띠

아기를 데리고 외출할 때 아기 띠를 사용하면 편리하다. 아기 띠를 고를 때는 아기뿐만 아니라 엄마 아빠에게도 편리한지 고려해서 선택한다. 아기 띠를 착용하는 것이 불편하면 잘 사용하지 않게 된다.

앞으로 안게 된 아기 띠(그림A)

보호자의 어깨에 걸치는 끈과 아기의 멜빵벨트가 하나로 구성되어 부모가 가슴으로 아기를 지탱할 수 있게 된 아기 띠. 아기가 목을 가누기 전까지는 아기 얼굴이 엄마 쪽을 향하도록 안는다. 생후 6개월 정도까지 사용할 수 있다.

크로스 형 어깨 띠(그림B)

끈을 엄마 아빠의 한쪽 어깨 또는 몸통에 크로스 형으로 묶도록 된 어깨 띠. 면 또는 나일론, 라이크라 등의 소재로 되어 있다. 갓난아기뿐만 아니라 좀 더 자라서도 사용할 수 있다. 생후 9~12개월은 물론 12개월 이후에도 사용 가능하다.

백팩 스타일 어깨 띠(그림C)

등산용 배낭처럼 금속 또는 플라스틱 프레임으로 견고하게 만들어진 아기 띠. 아기를 안정적으로 등에 업을 수 있다. 백팩 스타일의 아기 띠는 아기의 목과 등의 힘이 발달되어 있어야 사용할 수 있으며, 생후 6~9개월 미만의 아기에게 사용하는 것은 바람직하지 않다. 배낭처럼 지퍼 달린 주머니가 붙어 있는 것이 편리하다. 구입할 때는 크기 조절이 가능한 제품을 선택하는 것이 좋다.

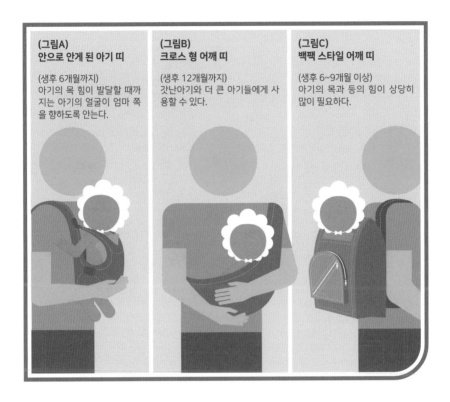

(그림A)
안으로 안게 된 아기 띠

(생후 6개월까지)
아기의 목 힘이 발달할 때까지는 아기의 얼굴이 엄마 쪽을 향하도록 안는다.

(그림B)
크로스 형 어깨 띠

(생후 12개월까지)
갓난아기와 더 큰 아기들에게 사용할 수 있다.

(그림C)
백팩 스타일 어깨 띠

(생후 6~9개월 이상)
아기의 목과 등의 힘이 상당히 많이 필요하다.

유모차

유모차는 아기를 데리고 이동하기에 좋은 수단이다. 유모차를 선택하기 전에 제품의 내구성, 기능의 다양성, 크기, 무게, 가격 등을 고려한다. 유모차를 처음 사용하는 사람들은 구입 전에 반드시 유모차를 시험 운전해 보는 것이 좋다.

유모차를 고를 때는 다음의 사항을 꼼꼼히 체크한다. 안전벨트는 튼튼한지, 주머니, 컵홀더, 햇빛 가리개와 비 가리개는 있는지, 시트의 쿠션은 어떤지, 충격 흡수와 앞바퀴 회전은 잘 되는지, 좌석 등받이 조절이 가능한지, 플라스틱 바퀴는 튼튼한지 등을 살펴본다.

Model
일반형 유모차

바퀴 : 4개 또는 8개

사용 가능 기간 : 아기 몸무게 18~20kg까지

무게 : 평균부터 무거운 것까지

접이식 : 가능

적용성 : 대부분 유아용 카시트에 연결 가능

변형 : 좌석의 위치를 2~4단계로 변형 가능

사용 가능한 지형 : 인도, 평평한 도로, 실내

Model
조깅 유모차

바퀴 : 3개

사용 가능 기간 : 아기 몸무게 16~20kg까지

무게 : 평균부터 무거운 것까지

접이식 : 가능

적용성 : 일부 모델에 한해 유아용 카시트 연결 가능

변형 : 좌석을 1~2가지 형태로 변형 가능

사용 가능한 지형 : 인도, 도로, 실내, 잔디밭

유모차 : 유모차를 처음 사용하는 사람들은 구입 전에 시험 운전을 해 본다. 컵홀더,

Model
경량 유모차

바퀴 : 4개 또는 8개

수명 : 아기 몸무게 13~20kg까지

무게 : 가벼움

접이식 : 가능

적용성 : 없음

변형 : 좌석울 1~3가지 위치로 변형 가능

사용 가능한 지형 : 실내, 평평한 인도

Model
등받이 없는 유모차

바퀴 : 4개

수명 : 아기 몸무게 9~11kg까지

무게 : 가벼움

접이식 : 가능

적용성 : 유아용 카시트 연결 가능

변형 : 불가능

사용 가능한 지형 : 실내, 평평한 인도

햇빛 가리개, 주머니 등의 부속물도 꼼꼼히 확인한다.

카시트

아기를 차에 태우고 이동하려면 아기의 몸집에 맞게 제작된 전용 카시트가 필요하다. 신생아에게 적합한 영아용 카시트와 영유아용 컨버터블 두 종류가 있다. 두 제품 모두 각기 장점이 있다. 어느 쪽을 선택하든 카시트 설명서를 주의 깊게 읽고 정확하게 설치한다.

카시트를 선택할 때 고려할 점

안전벨트, 신생아용 머리 받침대, 조절 가능한 좌석 벨트, 접을 수 있는 햇빛 가리개, 편안한 시트 쿠션, 컨버터블 카시트일 경우 카시트를 자동차 좌석에 고정하는 줄. 그 밖에 의문 사항이 있으면 제조업체에 문의한다.

영아용 카시트(그림A)

영아용 카시트의 주요 장점은 아기를 앉힌 상태로 차에서 분리할 수 있다는 점이다. 대부분의 일반형 유모차와 등받이 없는 유모차에 연결이 가능하며, 사고가 나면 조개껍데기처럼 닫히도록 제작되어 있다. 아쉬운 점은 완전히 장착했을 때 시트 무게가 13kg 가까이 되고, 차에 설치할 때마다 안전성을 확인해야 한다는 것이다. 아기가 자라 몸무게가 9~11kg 이상 되거나 66cm를 넘으면 카시트를 교체해 주어야 한다.

(그림A) 영아용 카시트

(그림B) 영유아용 컨버터블

영유아용 컨버터블(그림B)

영아용 카시트보다 크기가 큰 영유아용 컨버터블은 아기가 4~5세가 될 때까지 사용할 수 있다. 차에서 분리되지 않기 때문에 차에서 내린 후 목적지까지 가는 데 별도의 이동 수단이 필요하다.

 전문가 한마디
중고 카시트를 구입하는 것은 안전하지 않다. 안전 규정이 수시로 바뀌는 데다, 구형 모델은 효용이 떨어질 수 있다. 또한 사고가 난 자동차에 설치된 적이 있는 카시트라면 더 이상 제 기능을 발휘하지 못할 수 있다.

카시트 설치하기

미국에서는 아기를 자동차에 태울 때 좌석에 안전하게 고정하도록 법으로 정해져 있다. 아기가 12개월, 몸무게 9kg이 될 때까지는 자동차 뒤쪽을 보도록 돌려 앉혀야 한다. 가능하면 아기를 뒷좌석 가운데에 앉힌다.

1 반드시 카시트 제조업체의 설명서를 따른다. 설치하는 데 어려움이 있으면 설명서에 나와 있는 연락처로 문의한다.

2 안전 기준을 준수한다. 카시트를 에어백이 터지는 곳에 설치하거나 뒷좌석의 접이식 팔걸이와 마주 보도록 놓으면 안 된다. 또한 앞좌석 등받이를 카시트 쪽으로 젖히지 않도록 한다. 사고가 났을 때 카시트가 닫히는 것을 방해할 수 있다.

3 카시트를 안전하게 설치하기 위해서는 두 사람이 필요하다. 한 사람이 카시트에 무릎을 대고 누른 상태에서 나머지 한 사람이 안전벨트를 채운다.

4 안전성을 확인한다. 카시트는 앞뒤, 양옆으로 2.5cm 이상 움직이지 않아야 한다. 벨트는 알맞은 길이로 조절해 채운다. 필요할 경우 잠금 장치로 고정

한다. 카시트의 기울어진 정도도 적당해야 한다(45도 정도).

5 안전벨트 줄을 확인한다. 줄은 꼬이지 않고 반듯하게 퍼져 있어야 하고, 편안하고 안정감 있어야 하며, 버클 끼우는 곳에 단단하게 채워져 있어야 한다.

6 아기의 머리를 받쳐 준다. 카시트의 머리 받침대를 이용하거나, 아기의 머리 위와 옆에 수건을 괴어 받쳐 준다. 이때 머리 받침대나 수건이 카시트 줄을 방해하지 않도록 한다.

7 카시트의 안정감과 안전성을 정기적으로 확인한다.

 전문가 한마디

카시트가 제대로 설치되었는지 몰라 불안하다면 병원이나 아기 용품 매장에서 도움을 받도록 한다.

소아과 의사 알아 두기

모든 아기에게 소아과 의사의 도움은 꼭 필요하다. 소아과 의사와 면담을 신청해 두자. 면담할 때 의사에게 다음과 같은 사항을 알아보면 좋다.

■ 의사의 육아관
육아에 대해 자기만의 철학을 갖고 있는 의사도 있고, 다양한 의견에 대해 개방적인 의사도 있다. 의사가 어떤 생각을 갖고 있는지 알아 두면 아기의 행동 발달에 대해 마음 편하게 상담할 수 있다.

■ 같은 의사의 지속적 진료 여부
여러 명의 의사들이 근무하는 병원이나 개인 의원도 있다. 병원을 찾을 때마다 같은 의사에게 진찰받는 것이 이상적이다.

■ 진료 시간
진료 시간은 맞벌이 부모에게 특히 중요하다. 요일에 따라 진료 시간이 다르거나 야간진료를 하는 날도 있으니 이때를 이용하면 좋다.

■ 전화 상담 가능 여부 및 시간
병원에 따라 전화 상담이 가능한 곳도 있고 그러지 못한 곳도 있다. 하지만 자주 방문해서 가까워진 사이라면 대부분 전화 상담을 해 준다.

여러 명의 전문의가 있는 병원일 경우, 번갈아서 여러 명의 의사와 면담을 해 보고 가장 마음이 편하게 느껴지는 의사를 선택한다. 의사를 선택할 때는 이웃이나 주변 사람의 추천을 귀담아 듣는다.

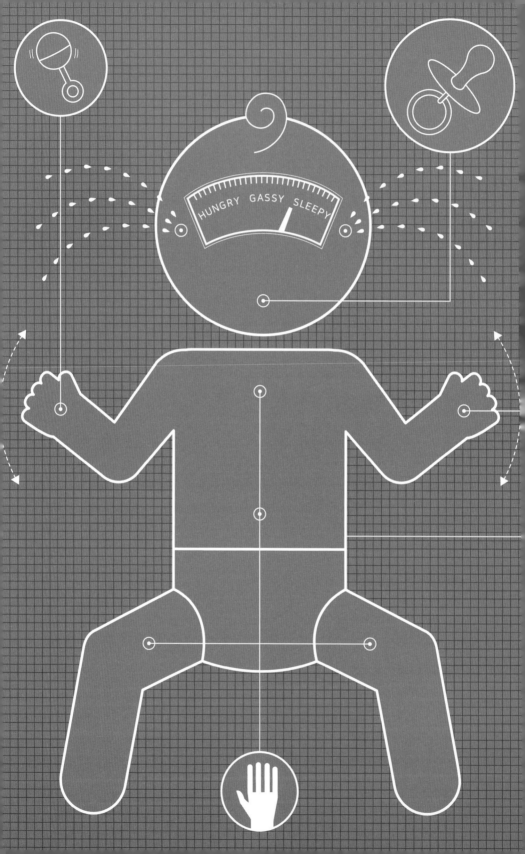

CHAPTER 2

아기 돌보기

아기와 유대감 형성하기

부모와 아기의 유대감은 출산 직후에 형성하는 것이 좋다. 유대감은 보통 곧바로 형성되는데, 부모와 아기 모두 시간이 조금 더 필요한 경우도 있다. 아기마다 특성이 다르기 때문에 유대감 형성 방법에 옳고 그른 것은 없다. 하지만 3~4주가 지나도 유대감을 느끼지 못하면 의사와 상의하는 것이 좋다.

1 기회가 있을 때마다 아기를 느끼고 눈으로 보고 냄새를 맡아 본다. 아기의 건강이 양호하다면 출산 직후 간호사나 의사에게 부탁해 아기를 가슴 위에 올려놓는다.

2 모유 수유는 가능한 한 빨리 시작하는 것이 좋다(p.78 참고). 모유 수유를 하면 자궁 수축에 도움 되는 호르몬이 분비되어 산후 출혈을 줄여 준다. 또한 모유 수유 행위 자체가 엄마와 아기 사이의 유대감을 더 빠르게 형성시키기도 한다. 모유는 아기의 면역력도 높여 준다.

3 아기를 엄마 곁에 둔다. 아기의 건강이 양호하면 엄마 방에 데리고 있을 수 있도록 방을 꾸민다. 아기에게 말을 걸고 노래를 불러 주면 엄마의 목소리를 알아들을 것이다.

 주의

마음의 여유를 갖자. 유대감 형성 과정을 천천히 진행해야 하는 엄마들도 있다. 아기와 지속적으로 접촉하기 전에 출산 후유증에서 회복해야 한다면 그렇게 한다. 엄마와 아기가 함께 있는 것도 중요하지만, 엄마의 상태가 준비되는 것이 더욱 중요하다. 엄마가 회복하는 동안 아기는 간호사나 아기 아빠, 다른 가족들이 돌봐 준다.

아기 다루기

아기를 만지기 전에는 항상 손을 씻는다. 사람의 피부에는 세균이 있어 아기에게 옮으면 건강에 문제가 생길 수 있다. 비누와 물이 없으면 아기용 물티슈로 손을 깨끗이 닦는다.

아기 안아 올리기

1 한쪽 손을 아기의 목과 머리 밑에 넣어 받친다(받침A). 처음 몇 주 동안 아기의 목은 아주 적은 기능밖에 하지 못한다. 목에 힘이 생길 때까지는 머리가 흔들리지 않도록 주의해서 다룬다.

2 다른 쪽 손을 아기의 등과 엉덩이 밑에 넣는다(그림B).

3 아기를 안아 올려 엄마 몸에 밀착시킨다(그림C).

 주의
아기를 눕힐 때는 항상 손으로 아기의 머리를 받치고, 아기를 눕힐 바닥이 아기의 머리와 목을 확실히 지탱해 줄 수 있는지 확인한다.

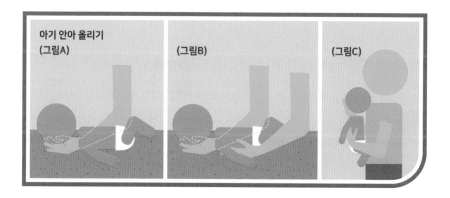

아기 안아 올리기
(그림A)　　　(그림B)　　　(그림C)

요람 안기

대부분의 부모님들에게 잘 맞는 일반적인 방법이다. 아기의 머리가 엄마의 몸 왼쪽에 오도록 안으면 아기는 엄마의 심장이 리드미컬하게 쿵쿵 뛰는 소리를 들을 수 있다. 이 소리를 들으며 아기는 잠이 든다(p.120 참고). 아기의 머리가 몸 오른쪽에 오도록 안을 수도 있다.

1 오른손으로 아기의 머리와 목을 받치고, 왼손으로는 아기의 등과 엉덩이를 받친다(그림A).

2 아기의 머리와 목이 왼팔 안쪽에 오도록 안는다. 왼손으로 아기를 받친 상태에서 오른손으로는 자유롭게 다른 일을 할 수 있다.

3 오른팔을 왼팔 밑에 대 주면 더 안전하게 안을 수 있다.

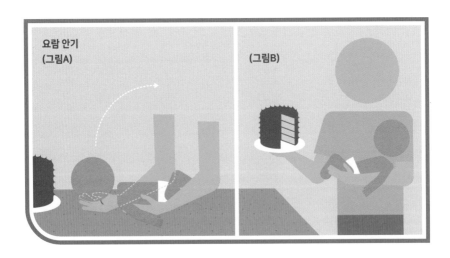

요람 안기
(그림A)

(그림B)

어깨로 안기

초보 부모에게 적합한 자세다. 하지만 아기가 자랄수록 이렇게 안기는 것을 더 이상 좋아하지 않을 수 있다.

1 아기를 들어 올려 엄마의 어깨 앞부분에 아기의 머리를 올려놓는다. 아기의 머리가 어깨 위에서 흔들리지 않도록 한다(그림A).

2 팔 안쪽으로 아기의 엉덩이를 받친다. 아기의 다리는 팔 밑으로 빠져 나온 모습이 된다.

3 나머지 한 손으로 아기의 등을 받치면 더 안전하다(그림B). 몸을 앞으로 숙일 때도 아기의 머리와 목은 계속해서 받쳐 준다.

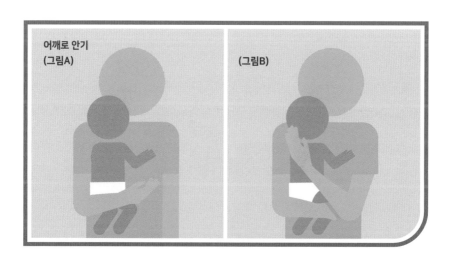

어깨로 안기
(그림A)

(그림B)

아기 건네주기

생후 2개월 동안 아기의 면역 체계는 매우 약하다. 이 기간 동안에는 손님의 방문을 제한하는 것이 좋으며, 아기를 건네주기 전에는 상대방이 손을 씻었는지 확인한다.

부모 중 한쪽이 다른 한쪽에게 아기를 건넬 때나 친구, 친척들이 집에 찾아왔을 때 아래의 요령대로 하면 아기가 안전하다.

1 한 손으로 아기의 머리와 목을 받치고, 나머지 한 손으로 아기의 엉덩이와 등을 받친다.

2 아기를 건네받을 사람은 양팔을 서로 겹치게 놓는다.

3 아기의 머리와 목이 한쪽 팔 안쪽에 오도록 한다. 상대방이 아기의 머리를 받치게 한다(그림A).

4 아기를 상대방의 겹친 팔 안쪽에 올려놓는다(그림B).

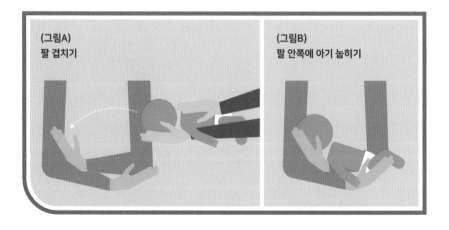

(그림A)
팔 겹치기

(그림B)
팔 안쪽에 아기 눕히기

기어 다니는 아기 안기

기어 다니는 아기는 일반적으로 생후 6개월 이상으로, 처음 태어났을 때보다 몸무게가 훨씬 많이 나간다. 몸무게가 늘어나면 앞서 소개한 방법으로 안기에는 무리가 따른다. 아이가 기어 다니면 머리, 목, 등 근육이 발달한 것이므로 새로운 방법을 시도할 수 있다.

골반 안기

1 아기의 등과 양쪽 겨드랑이 밑까지 아기 몸 전체를 팔로 감싼다(그림A).

2 나머지 한 손은 아기의 엉덩이 위에 둔다(그림B).

3 아기의 등을 받친 손과 같은 쪽 골반 높이까지 아기를 들어 올린다(그림C).

4 골반 위에 아기를 올려놓는다. 엄마가 몸을 비스듬히 하여 골반이 나오게 해야 아기를 올려놓을 공간이 생긴다. 아기의 한쪽 다리는 엄마 몸 앞에, 다른 쪽 다리는 엄마 몸 뒤에 오게 한다. 엄마의 옆구리에 다리를 벌리고 올라앉은 모습이 되어야 한다(그림D).

5 한쪽 팔로 아기의 어깨뼈를 감싼다. 아기가 엄마를 꼭 붙잡으면 팔을 내려 등 아래쪽을 감싼다.

골반 안기

(그림A)
주로 쓰는 손을 아기의 등 밑에 둔다.

(그림B)
나머지 한 손으로 엉덩이를 받친다.

(그림C)
아기를 골반 높이까지 들어 올린다.

(그림D)
아기를 골반 위에 올려놓는다.

뒤로 안기

짧은 거리를 이동할 때 이 방법을 쓴다. 아기를 수평으로 안기 때문에 대부분의 아기들이 오랫동안 견디지 못한다.

1 아기의 뒤에서 다가간다.

2 주로 쓰는 팔을 아기의 두 다리 사이로 넣어 몸 앞쪽까지 받친다. 팔꿈치를 구부려 손으로 아기의 가슴을 받친다(그림A).

3 다른 손을 아기의 등 위에 올려놓아 아기가 엄마 팔 위에서 안정감을 느끼게 한다(그림B).

4 아기를 들어 올려 옆구리에 끼고, 등 위에 올린 손으로 계속해서 아기를 안정시킨다(그림C).

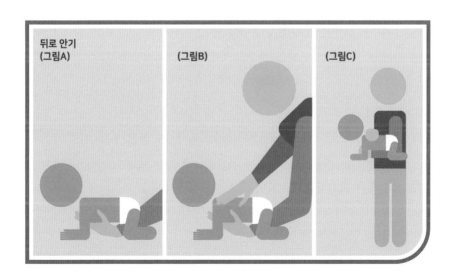

뒤로 안기 (그림A)   **(그림B)**   **(그림C)**

아기의 울음 해결하기

아기의 소리를 내는 기관으로는 두 개의 허파와 성대, 입이 있다. 아기는 이들 신체 기관을 이용해 의사소통을 하게 된다. 아기는 대부분 말하기 기능을 갖추지 않은 상태로 태어나기 때문에 의사소통을 하려는 아기의 첫 시도는 의미 없는 소리로 들릴 수 있다. 이는 초보 부모들이 흔히 하는 실수다. 울음소리라고 불리는 이러한 소리 신호에는 부모를 위한 상당한 양의 정보가 들어 있을 때가 많다.

아기는 기저귀가 젖거나 더러워졌을 때, 배가 고플 때, 너무 덥거나 너무 추울 때, 피곤할 때, 가스가 찼을 때, 애정이나 안정이 필요할 때, 몸이 아플 때 운다. 자기 목소리를 듣고 우는 아기들도 있다. 아기가 울면 울음소리의 높이와 우는 빈도를 단서 삼아 울음소리의 뜻을 파악할 수 있다. 우는 이유가 다르면 울음소리도 다르다. 아기가 우는 이유를 알았으면 부모는 울음소리의 종류를 머릿속에 기억해 두어 다음에 또 같은 소리를 내며 울 경우 즉시 이해할 수 있도록 한다.

기저귀가 젖거나 더러워졌을 때

기저귀가 더러워졌을 때 부모는 냄새로 알거나 손가락 하나를 넣어 젖었는지 확인할 수 있다. 필요에 따라 기저귀를 갈아 주고(p.134 참고) 아기가 울음을 그치는지 본다.

배가 고플 때

아기는 하루에 7~10차례 배고픔을 느낀다. 아기에게 젖을 먹여 본다. 젖을 먹이기 전에 잠시 시간을 두고 아기를 진정시켜야 하는 경우도 있다. 울음을 그치면 배고픔이 원인이었다고 보면 된다.

너무 덥거나 너무 추울 때

아기들은 대부분 지나치게 더울 때보다는 추울 때 우는 경우가 많다. 아기는 체온이 오르거나 내려가도 부모에게 알릴 수 있는 경고 시스템이 없으므로 아기의 옷 입은 상태를 확인하고 옷을 조절해 입힌다. 아기가 너무 덥지 않은지 알기 위해 외부 신호도 세심하게 살펴본다. 아기의 피부가 빨갛거나 축축하지 않은지 수시로 확인하고, 옷을 너무 두껍게 입히지 않도록 주의한다.

피곤할 때

아기는 피곤하면 눈을 비비거나 하품을 하며 졸린 상태에서 우는 것처럼 보일 수 있다. 아기가 수면 모드로 들어가고 싶어 하므로 재운다(p.120 참고).

가스가 찼을 때

아기가 몸을 꼬거나 다리를 배 쪽으로 들어 올린다면 소화기관에 가스가 지나치게 많이 찼기 때문일 수 있다. 아기를 트림시키거나(p.98 참고), 가스를 배출시킬 수 있는 방법으로 안아 준다(p.210 참고).

애정이나 안정이 필요할 때

아기는 너무 오랫동안 혼자 남겨졌다는 느낌이 들거나 지나친 자극으로 혼란스러우면, 엄마나 아빠가 자신을 안아 주고 달래 주기를 바란다. 아기의 입에 젖꼭지나 고무젖꼭지를 물려 본다(p.57 참고).

아플 때

아기가 병에 걸리면 통증 때문에 울 수 있다. 먼저 위의 이유 중 한 가지 때문에 아기가 우는 것은 아닌지 확인하고, 30분 이상 울음이 잦아들지 않으면 의사와 상의한다.

주의
아기가 우는 이유를 해결해 주기 어려운 경우도 있다. 아기의 울음을 이해하기 위해 최대한 노력하고 침착성을 유지한다.

아기 달래기

아기를 달래기 위해 사용할 수 있는 방법은 매우 다양하다.

1 포대기로 아기를 감싸 준다. 포대기의 따뜻함뿐 아니라 감싸는 행위가 안정감을 주어 아기가 편안함을 느낀다. 감싸는 방법은 아래의 설명을 따른다.

2 아기를 흔들어 준다. 아기를 띠로 안거나 엄마가 직접 안고 흔들의자에 앉아 몸을 앞뒤로 흔든다. 부드럽게 반복되는 리듬은 아기의 마음을 안정시켜 준다.

3 아기를 위아래로 흔들어 준다. 아주 부드럽게 흔들어야 한다. 양옆으로도 살살 흔들어 준다.

주의
아기를 심하게 흔들면 안 된다. 심하게 흔들면 아기가 다칠 수 있다. 위아래로 흔들 때는 부드럽게 신경 써서 흔들어 준다.

4 아기에게 노래를 불러 준다. 아기의 청각은 음악을 매우 잘 받아들인다.

5 주변 환경에 변화를 준다. 조명이나 온도를 조절해 주면 울음을 멈추기도 한다. 유모차에 태우거나 아기 띠로 안고 산책을 나갈 수도 있다.

6 젖꼭지나 고무젖꼭지를 물린다(p.57 참고).

아기 싸기

포대기로 아기를 포근하게 감싸 준다. 이때 아기가 따뜻함과 안정감을 느껴 마음이 진정될 수도 있고, 갑자기 움직일 수 없게 되어 답답해할 수도 있다.

다음의 방법으로 시도해 아기의 반응을 살펴본다.

 주의

포대기로 감싸면 움직임이 제한되어 아기의 운동 능력 발달이 저해될 수 있다. 생후 60일 이후에는 온몸을 감싸는 것은 바람직하지 않다. 60일이 되면 부리또처럼 싸기(p.56 참고)처럼 팔을 자유롭게 움직일 수 있도록 감싸는 것이 가장 좋다.

빠르게 싸기

최소한의 시간을 들여 아기를 효율적으로 감싸는 방법이다. 아기의 온몸을 덮을 만한 크기의 포대기를 사용한다.

1 평평한 바닥에 사각형의 포대기를 깐다.

2 포대기의 한쪽 모서리를 엄마의 손 길이만큼 접는다.

3 아기를 포대기 위에 대각선으로 눕히고, 접힌 부분이 아기의 목보다 위로 올라오도록 한다(그림A).

4 포대기의 오른쪽 모서리를 끌어당겨 아기의 몸을 감싼다. 모서리를 아기의 몸 밑으로 넣는다(그림B).

5 포대기의 왼쪽 모서리를 끌어당겨 아기의 몸을 감싼다. 모서리를 아기의 몸 밑으로 넣는다(그림C).

6 아기를 들어 올려 포대기 끝을 아기의 다리와 등 밑으로 넣는다(그림D).

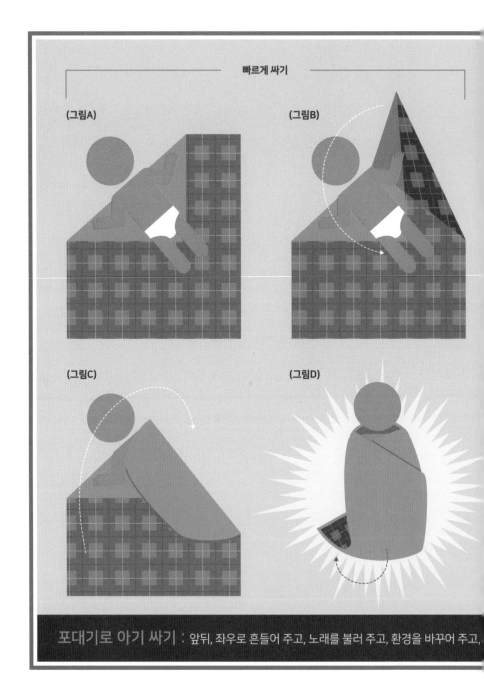

빠르게 싸기

(그림A)

(그림B)

(그림C)

(그림D)

포대기로 아기 싸기 : 앞뒤, 좌우로 흔들어 주고, 노래를 불러 주고, 환경을 바꾸어 주고,

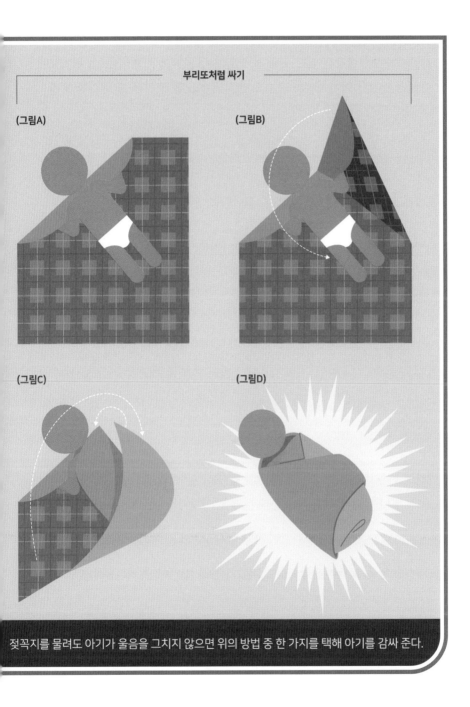

부리또처럼 싸기

(그림A)

(그림B)

(그림C)

(그림D)

젖꼭지를 물려도 아기가 울음을 그치지 않으면 위의 방법 중 한 가지를 택해 아기를 감싸 준다.

부리또처럼 싸기

빠르게 싸기보다 안정감 있고 오래 유지할 수 있는 싸기 방법이다. 이 방법으로 감싸면 아기가 마치 부리또처럼 보인다. 부리또는 고기나 콩 요리를 또띠아*로 감싼 인기 멕시코 음식이다.

1 평평한 바닥에 아기의 온몸을 덮을 만한 크기의 사각형 포대기를 깐다.

2 포대기의 한쪽 모서리를 엄마의 손 길이만큼 접는다.

3 아기를 포대기 위에 대각선으로 눕히고, 접힌 부분이 아기의 목보다 위로 올라오도록 한다(그림A).

4 아기의 양손을 포대기의 접힌 부분 속으로 넣는다. 손은 아기의 어깨나 얼굴 옆에 오도록 둔다(움직임이 특히 활발한 아기의 경우 포대기를 겨드랑이 밑으로 넣어 손을 움직일 수 있게 한다).

5 포대기의 오른쪽 모서리를 끌어당겨 아기의 몸을 감싼다. 모서리를 아기의 몸 밑으로 넣는다(그림B).

6 포대기 아랫부분을 아기의 머리 쪽으로 접어 올려 아기의 발과 다리를 덮어 준다. 접어 올린 끝부분은 오른쪽 윗부분 가장자리 속으로 집어넣는다(그림C).

7 포대기의 왼쪽 모서리를 끌어당겨 아기의 몸을 감싼다. 모서리를 아기의 몸 밑으로 넣는다(그림D).

---

* 밀가루나 옥수수가루를 반죽해 얇고 둥글게 구운 음식.

고무젖꼭지 선택하기, 물리기

젖꼭지는 천연 젖꼭지와 인공 젖꼭지가 있다. 천연 젖꼭지로는 새끼손가락, 손가락 마디, 엄지손가락 등을 들 수 있다. 고무젖꼭지로도 불리는 인공 젖꼭지는 라텍스나 실리콘 소재로 젖병 꼭지와 같은 모양으로 만들어졌으며, 아기 용품 매장에서 구입할 수 있다. 천연 젖꼭지와 인공 젖꼭지 모두 모든 아기에게 사용할 수 있다. 장기적으로 아기에게 의학적 또는 심리적으로 문제를 일으키지 않는다.

전문가 한마디

아기가 유두혼동*을 일으키지 않는지 살핀다. 인공 젖꼭지는 아기가 엄마 젖 빠는 법을 잊어버리게 할 수 있다. 중요한 시기인 생후 2개월 동안은 고무젖꼭지의 사용을 피하는 것이 좋다. 그 후에도 유두혼동이 계속되면 고무젖꼭지 사용을 줄이거나 중단한다.

천연 젖꼭지

1 새끼손톱 끝이 날카롭지 않도록 깎거나 다듬는다. 아기는 엄마의 다른 손가락보다 새끼손가락을 좋아한다.

2 손을 깨끗이 씻는다.

3 손을 뒤집어 손바닥이 위로 향하게 한다. 새끼손가락은 아기 쪽으로 펴고 나머지 손가락은 접는다.

4 새끼손가락을 아기의 입안에 넣어 손가락 끝부분만 아기의 입천장에 닿게 한다. 아기 입천장의 굽은 부분에 손가락이 자연스럽게 맞물리게 된다.

---

* 젖병이나 인공 젖꼭지에 익숙해진 아기가 엄마 젖을 거부하거나 엄마 젖에 익숙해진 아기가 젖병을 거부하는 현상.

① 고무젖꼭지를 입에 물린다.

② 천연 젖꼭지 : 엄지손가락,
   손가락 마디, 새끼손가락이 있다.

③ 새끼손톱을 깎는다.

④ 손가락을 빨리기 전
   손을 깨끗이 씻는다.

⑤ 인공 젖꼭지 :
   아기 용품 매장에서 구입할 수 있다.

⑥ 사용하기 전에 깨끗이 씻는다.

젖꼭지 : 젖꼭지를 물려 안정감을 갖게 한다.

5 아기에게 새끼손가락을 빨린다. 아기가 새끼손가락을 자유롭게 다루도록 두되, 손가락 끝은 계속해서 아기의 입천장에 댄 상태를 유지한다.

전문가 한마디
아기가 자라면 자신의 손가락을 젖꼭지 대신 빨게 한다. 아기가 자신의 손가락을 빨게 되면 어디를 가든 젖꼭지를 가지고 다니는 것과 같다.

인공 젖꼭지

1 고무젖꼭지의 모양과 크기는 매우 다양하다. 몇 가지를 사용해 보고 아기에게 가장 잘 맞는 종류를 고른다.

2 젖꼭지를 끓는 물에 5분 동안 삶아 소독한다. 고무젖꼭지에서 물이 새어 나오지 않는지 잘 살펴보고, 아기에게 주기 전에 물기를 말린다.

3 젖꼭지를 아기의 입에 물려 준다.

주의
고무젖꼭지를 끈으로 아기에게 묶어 주는 것은 금물이다. 아기의 목이 졸릴 위험이 있다.

4 고무젖꼭지를 여러 개 구입한다. 하나는 아기 침대에, 하나는 기저귀 가방에, 하나는 자동차에, 하나는 엄마 주머니에, 나머지는 집 안 곳곳에 놓는다.

5 오래된 젖꼭지, 특히 끝부분이 닳은 것은 바꿔 준다.

주의
고무젖꼭지는 젖 먹는 시간 사이사이에 아기를 달래는 용도로만 사용하고, 젖 대신 물리지 않도록 한다. 식사 공급이 제대로 이루어지지 않으면 아기의 몸에 문제가 생긴다.

아기 마사지하기

많은 의사들이 마사지가 아기의 면역 체계를 강화시키고 근육 발달을 도우며 성장을 촉진한다고 생각한다. 아기를 진정시키고, 엄마와 아기 사이의 유대감도 형성시킨다. 마사지에 필요한 도구는 엄마의 손이다. 아기를 살살 문지르고 부드럽게 어루만진다. 아기를 딱딱하고 평평하면서 편안한 바닥에 똑바로 눕힌다. 방 안을 따뜻하게 하고, 아기가 가만히 있으면 옷을 벗긴다. 오일은 홍화유나 아몬드 오일 같은 냉압착유*를 선택하는 것이 좋다.

1 아기의 다리와 발을 마사지한다. 허벅지부터 시작해 발가락까지 내려간다. 한 번에 한쪽 다리씩 문지른다.

2 배를 마사지한다. 손바닥을 펴고 손가락을 뻗은 상태에서 아기의 배 위에 원을 그리듯이 배를 문지른다.

 주의
배를 마사지하면 아기가 소변을 보거나 방귀를 뀔 수도 있다. 마사지를 시작하기 전에 아기 밑에 수건을 깔아 둔다.

3 가슴을 마사지한다. 손바닥을 펴고 손가락을 뻗어 아기의 가슴을 문지른다. 가슴 가운데부터 시작해 팔을 향해 바깥으로 마사지한다.

4 팔과 손을 마사지한다. 어깨에서 시작해 손가락 쪽을 향해 바깥으로 문지른다. 한 번에 한쪽 팔씩 마사지한다.

5 얼굴을 마사지한다. 엄지손가락으로 작은 원을 그린 뒤 손가락으로 가볍게 어루만져 준다.

---

* 저온에서 열을 가하지 않고 짠 기름.

아기 마사지하기

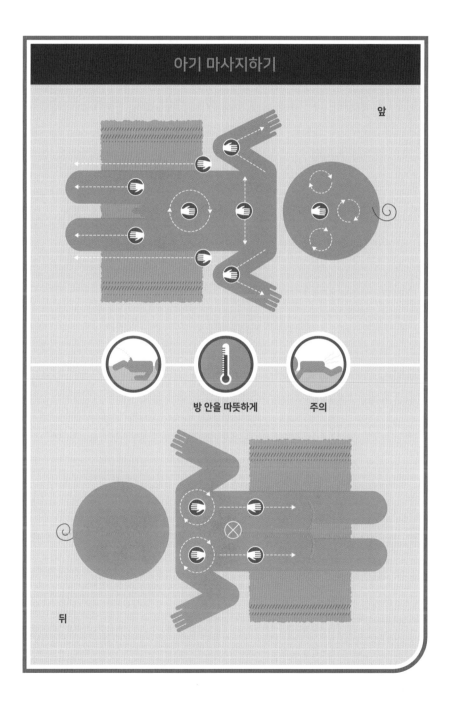

앞

방 안을 따뜻하게

주의

뒤

6 아기를 엎드리게 하고 아기의 등을 마사지한다. 양쪽 어깨부터 문지르기 시작해 등까지 내려간다. 척추 부분은 피한다.

7 마사지를 끝낸다. 아기를 똑바로 눕히고 손가락으로 몸 전체를 위아래로 가볍게 쓸어 준다. 아기에게 마사지가 끝났음을 알려 주는 신호다. 시간이 부족해 모든 단계를 시행할 수 없을 때도 항상 이 마지막 단계를 실시하도록 한다.

 전문가 한마디

보건소나 문화 센터 등에서 실시하는 아기 마사지 교육을 이용하는 것도 좋다. 다양한 정보를 얻을 수 있다.

아기와 놀아 주기

놀이 시간을 자주 갖는 것은 모든 아기에게 유익하다. 놀이에는 세 가지 목적이 있다. 아기의 기분을 좋게 하고, 잠을 잘 잘 수 있게 하며, 아기에게 세상과의 관계를 가르쳐 주는 것이다. 시간을 내서 자주 아기와 놀아 주자.

음악 놀이

놀이 시간에 음악을 사용하면 아주 좋다. 음악은 아기에게 리듬의 기초, 움직임, 발성을 가르쳐 주고, 지능과 창의력 개발을 촉진한다.

1 적절한 음악을 선택한다. 자장가 또는 한두 개의 음으로만 이루어진 선율의 음악이 좋다. 단순한 타악기 박자가 들어간 노래를 고른다.

2 음악을 튼다.

3 아기와 함께 음악에 맞추어 춤을 춘다. 아기의 목과 등의 힘에 맞게 아기를 잡아 준다. 몸 전체를 움직여 아기가 리듬과 박자를 느낄 수 있게 한다.

4 아기에게 노래를 불러 준다. 가사를 모르면 아기 말을 흉내 내며 부른다. 아기도 따라 부를 것이다.

몸을 튼튼하게 하는 놀이

일부 놀이는 아기가 특정 근육을 사용하게 해 발달을 도와주는 부가적 이점이 있다. 적절한 운동은 아기의 근육을 강화시키고, 신체 조정 능력을 향상시키며, 운동 능력을 높인다.

주의
아기의 헬스 트레이너가 되어야 한다고 생각할 필요는 없다. 아기를 운동시키지 않아도 된다. 다음의 동작들은 단순히 아기의 자라나는 근육과 신체 기능 발달에 도움을 주는 동작들이다.

복부 운동

아기를 바닥에 엎드리게 한다. 아기 옆에 같이 누워서 말로 관심을 끈다. 아기가 엄마에게 보이는 반응이 아기의 목과 등, 복부 근육을 강화시킨다. 아기는 엄마를 올려다보거나, 엄마를 쳐다보려고 고개를 돌리거나, 엄마를 보기 위해 몸을 일으켜 세우거나, 스스로 몸을 뒤집는다.

똑바로 앉기

똑바로 앉기 운동은 많은 아기들이 좋아하며, 복부와 목 근육을 강화시켜 아기가 도움 없이 혼자 쉽게 앉을 수 있게 하는 효과가 있다. 자리에 앉은 상태에서 아기의 머리를 엄마 무릎 위에 올려놓고 반듯이 눕힌다. 아기의 다리는 엄마 무릎 위에서 똑바로 편 상태를 유지하고, 한쪽 손을 아기의 양쪽 겨드랑이 밑으로 넣은 다음, 아기 쪽으로 허리를 구부려 아기의 상체를 일으켜 세운다. 더 큰 아기의 경우 양쪽 손과 팔을 잡고 엄마 쪽으로 끌어당긴다. 이 동작을 되풀이한다.

 주의
생후 1년 미만일 때는 아기의 발이나 손만 붙잡고 끌어당겨 앉히려고 하면 안 된다. 아기의 관절에 무리가 갈 수 있다.

똑바로 서기

이 간단한 동작은 많은 아기들이 좋아한다. 엄마의 얼굴을 똑바로 볼 수 있고 다리를 가지고 놀 수 있기 때문이다. 다리와 등 근육을 강화시키는 장점도 있다. 자리에 앉은 상태에서 아기를 엄마와 마주 보도록 허벅지에 앉힌다. 어린 아기는 두 손을 아기의 양쪽 겨드랑이 밑으로 넣어 일으켜 세웠다가 다시 앉힌다. 아기가 자라면 허리를 잡고 들어 올려 일으켜 세웠다가 다시 앉힌다.

장난감 고르기

생후 1개월 된 아기에게는 장난감이 필요할 수도, 필요하지 않을 수도 있다. 하지만 아기가 자라면서 장난감은 정서적 자극을 위한 필수품이 된다. 제품에 적힌 설명을 참고하여 아기의 연령에 맞는 장난감을 선택하도록 한다.

아기는 위험을 인지하는 능력이 부족하기 때문에 모서리가 날카로운 것이나 조각나기 쉬운 헐렁한 장난감, 작은 부품은 피해야 한다. 자극이 되는 장난감을 골라야 하며, 오감(시각, 청각, 촉각, 미각, 후각) 중 두 가지 이상을 자극할 수 있는 장난감을 고르는 것이 가장 좋다. 동물 털을 만져 볼 수 있도록 만들어진 책이나 향기가 나는 장난감을 선택한다.

생후 1개월용 장난감

흑백 모빌

흑백 모빌을 아기 손에 닿지 않도록 아기 침대에서 30~40cm 정도 위에 매달아 준다. 아기는 처음 몇 주 동안은 색깔 있는 물체보다 검은색과 흰색 물체에 더 잘 반응한다.

음향기

라디오, 오디오, 디지털 플레이어, 오르골 등을 이용해 아기에게 음악을 들려준다. 연구 결과에 따르면 아기들은 자장가처럼 음정이 높고 차분하며 선율 있는 음악을 가장 잘 인식한다.

봉제 인형

아기들은 동물 인형(특히 눈이 큰 인형)이 살아 숨 쉬는 친구라고 착각하는 경우가 많다. 이런 작은 문제는 보통 7~12세 이내에 없어진다.

생후 2~6개월용 장난감

 주의
장난감이 안전한지 확인한다. 모든 아기들이 물건을 입에 넣기 시작할 것이다. 장난감이 탄탄하게 만들어졌는지, 바느질이 꼼꼼한지, 헐겁거나 작은 조각이 없는지 자세히 살펴본다. 모든 장난감이 위의 기준에 맞는지 주기적으로 점검한다.

놀이 매트

아기 용품 매장에서 구입할 수 있는 놀이 매트는 색깔과 패턴이 다양하다. 매트 위에 장난감이 붙어 있어 아기가 그것을 손으로 치고, 마음에 드는 장난감을 잡는 법을 배울 수 있다.

책

아기가 모든 감각을 활용할 수 있는 책을 선택한다. 보드 북, 헝겊 책, 고무 책 모두 읽기에 대한 아기의 흥미를 길러 주기에 좋은 도구들이다. 아기가 책을 눈으로 보든, 촉감으로 느끼든, 물어뜯든 마음대로 가지고 놀도록 둔다.

악기

많은 아기들이 음악을 연주하고 듣는 것을 좋아한다. 작은 북이나 종(모서리가 날카롭지 않은 것)은 아기의 청각을 발달시킨다.

모빌

생후 6개월이 되면 아기는 색깔을 구별할 수 있고 복잡한 모양을 식별할 수 있게 된다. 시각 발달을 돕기 위해 독특한 모양이나 밝은 색의 매다는 형 또는 움직이는 모빌을 고른다. 흑백 모빌 대신 색깔 있는 모빌을 아기 침대나 아기가 누울 만한 곳 위에 매달아 준다.

방울·소리 나는 장난감·공

아기가 물체를 쥐고 조작하는 능력이 생기면 손에 쥘 수 있는 작은 장난감을 주어 능력을 강화시킨다. 소리가 나는 장난감은 아기에게 인과관계의 원칙을 가르쳐 준다.

깨질 염려 없는 플라스틱 거울
아기 침대 옆에 단단히 고정해 아기에게 매일 몇 분간의 즐거움을 주고 자기 인식을 하도록 해 준다.

전문가 한마디

숟가락이나 컵받침 등 집에서 매일 사용하는 생활 용품들은 저렴하면서도 아기에게 최고의 장난감이 될 수 있다. 생활 용품은 엄마에게는 익숙하지만 아기에게는 새롭고 재미있는 물건이다. 아기에게 줄 때는 크기가 큰 것을 주어 입에 넣지 못하도록 하고, 부스러질 수 있거나 모서리가 날카로운 물건, 아기의 목이 졸릴 위험이 있는 물건은 주지 않는다.

생후 7~12개월용 장난감
공
이 시기에도 아기는 여전히 장난감 맛보기를 좋아한다. 공은 아기가 입에 넣지 못할 정도의 큰 것을 주어야 하며, 물어뜯지 못하도록 딱딱한 것을 고른다. 12개월이 되면 아기는 공을 굴릴 줄 알게 되고 엄마에게 던져 주기 시작한다.

목욕 장난감
물 위에 띄울 수 있고 물을 담거나 뿌릴 수 있는 장난감, 또는 욕조 옆면에 붙일 수 있는 고무 장난감은 아기가 즐겁게 목욕할 수 있게 해 준다.

블록
나무 블록과 플라스틱 블록은 아기가 물건을 놓거나 쌓는 법을 알게 한다. 아기들은 대개 블록을 쌓기보다 무너뜨리기를 좋아하는데, 이는 정상적인 행동이다.

꼭두각시 인형·봉제 인형

인형극을 보여 주거나 인형 친구들이 춤추고 노래하는 것처럼 꾸며 아기를 즐겁게 해 준다.

잡아당기는 장난감

줄을 잡아당기면 몇 가지 방법으로 움직이는 장난감이다. 이런 장난감을 가지고 놀면 아기는 인과관계의 기초를 알게 된다. 줄 달린 장난감을 가지고 놀 때는 아기에게 주의를 기울여야 한다. 아기가 줄이나 손잡이를 삼킬 수 있다.

보행기

아기가 가구를 잡고 일어서 몇 걸음을 뗄 수 있을 정도로 자라면 부모들은 대개 보행기를 구입한다. 이러한 바퀴달린 물건은 아기가 처음 몇 걸음 나아가는 데 도움을 줄 수 있다. 작은수레, 바퀴달린 의자 등 모든 것이 보행기가 되어 아기가 붙잡고 거실을 가로질러 나아가는 데 사용될 수 있다. 그러나 접시형 보행기는 권장하지 않는다.

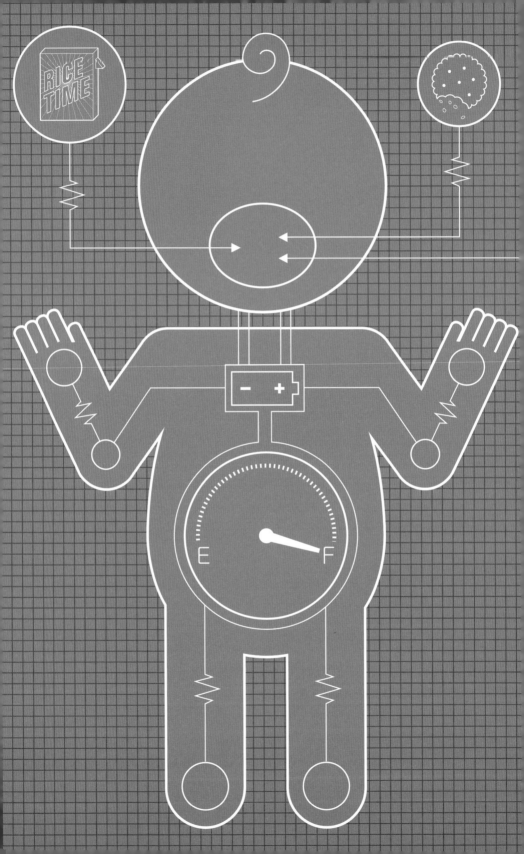

CHAPTER 3

젖 먹이기: 아기 영양 공급의 이해

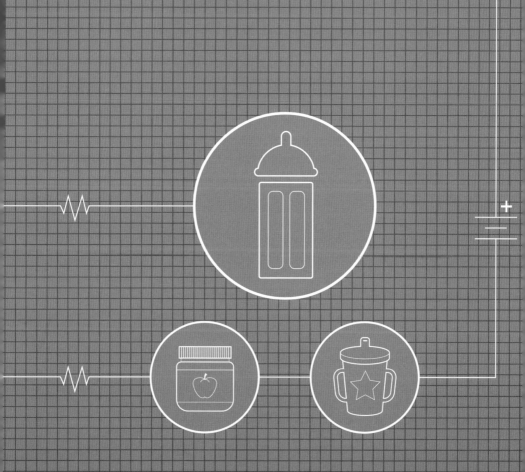

아기 식사 일정표 짜기

아기에게 먹여야 할 젖의 양에 대해 명확히 정해진 기준은 없다. 아기들은 모두 특징이 다르고 필요로 하는 것도 다르다. 연구에 따르면 신생아는 대체로 3~4시간에 한 번씩 60~90㎖ 정도를 먹는다. 식사 습관은 아기의 건강 상태, 활동량, 성장 속도, 심지어 바깥 날씨에 따라서도 달라지며, 아기가 자랄수록 먹는 횟수가 줄어든다.

생후 1개월 식사량 정하기

아기에게 맞는 식사 일정표를 짜기 위해 다음의 세 가지 식사량 측정법을 염두에 둔다.

몸무게 증가

생후 첫 주 동안 아기의 몸무게는 출생 당시보다 최고 10분의 1 정도 줄기도 하는데, 첫 주가 지나면 일반적으로 하루에 최고 30g 정도 늘어난다. 아기의 몸무게가 이와 같은 양상을 보이면 식사량이 충분하다고 생각해도 된다.

신체적 신호

먹이 찾기 반사를 통해 아기가 배고픈지 여부를 알 수 있다(p.86 참고). 아기는 배가 고프면 입을 벌리고 머리를 움직이며 먹을 것을 찾는 듯한 먹이 찾기 반사를 보인다.

기저귀

영양이 충분한 아기는 하루 6~8번 대소변을 본다.

생후 2~6개월 식사량 정하기

생후 2~6개월 동안에는 좀 더 안정된 일정으로 모유나 분유를 먹일 수 있다. 4개월이 되면 많은 엄마들이 젖을 떼지 않고도 분말 이유식 같은 간단한 고형식을 먹이는데, 이때 얼마나 먹여야 하는지에 대한 명확한 지침은 없다. 아기는 대개 하루 8번을 먹으며, 자랄수록 먹는 횟수가 줄어든다. 아기의 섭취량이 적당한지 염려된다면 다음의 세 가지 측정법을 고려한다.

기저귀

아기가 소화를 잘 시켰는지 보기 위해 기저귀를 확인한다. 이유식을 먹기 시작하면 변은 농도가 진해지고, 먹은 음식에 따라 변의 색깔도 달라진다.

몸무게 증가

이 기간 동안 아기의 몸무게는 하루 15~30g씩 증가한다. 다음에 소아과를 방문할 때 그동안 아기의 몸무게가 얼마나 늘었는지 확인해 본다. 아기 몸무게가 위와 같거나 비슷하게 증가했다면 아기의 식사량이 적절하다고 볼 수 있다.

신체적 신호

먹이 찾기 반사가 더욱 뚜렷해져 아기가 먹을 것을 찾는다는 것을 확실히 알 수 있다. 아기는 엄마 팔에 매달리거나 손가락을 빨면서 배고프다는 신호를 보낸다. 따라서 아기가 배고파할 때 쉽게 알아차릴 수 있다. 이 시기 동안 아기는 보통 3~4시간에 한 번씩 배가 고프다는 신호를 보낸다.

생후 7~12개월 식사량 정하기

7~12개월 동안에는 아기가 규칙적으로 먹을 것을 요구하기 시작한다. 모유나 분유를 주식으로 하면서 과일과 채소 퓌레, 손으로 집어먹을 수 있는 음식, 고기, 기타 단백질 식품 등 다양한 고형식을 보충해서 먹이기 시작한다. 생후 7개월 정도가 되면 엄마는 아기에게 필요한 식사량을 파악하고 있어야 한다. 아기의 식사량이 적절한지 걱정된다면 다음의 세 가지 측정법을 따른다.

몸무게 증가

아기의 몸무게는 하루에 약 15g씩 증가한다. 이는 아기의 신체 기능과 식사량이 정상이라는 뜻이다.

신체적 신호

이 시기가 되면 아기는 울거나 물건을 씹거나 자기 손을 먹으려고 하는 등 매우 익숙하고 확실한 신체적 신호를 보낸다. 또한 이때부터는 아기가 먹을 것을 요구하는 시간이 (중간에 간식은 주어야 하지만) 부모의 식사 시간과 일치하기 시작한다.

기저귀

고형식을 계속 먹이면 대변의 농도가 진해지고 먹은 음식의 색깔이 변에 나타난다. 기저귀에 변을 보는 것은 먹은 음식을 잘 소화시키고 있다는 뜻으로 좋은 신호다.

 전문가 한마디
이 시기에 아기는 일반적으로 이유식과 함께 하루 4~6차례 180~240㎖의 모유나 분유를 먹는다.

아기가 원할 때 먹이기 vs 탄력적으로 수유하기

대부분의 부모들이 아기가 배고픈지 알기 위해 다음의 방법 중 한 가지 또는 두 가지를 따른다.

아기가 원할 때 먹이기

아기는 태어날 때부터 먹을 것이 더 필요할 때 신체적 신호로 알리게 되어 있다. 이 신호에는 울기, 먹이 찾기 반사, 손 물어뜯기 등이 포함된다. 이 방법을 택한 부모들은 아기가 이와 같은 신체적 신호를 보이면 먹을 것을 준다.

탄력적으로 수유하기

3개월 이상인 아기를 둔 부모들이 선호하는 방법으로 아기의 수면 습관, 성장 상태, 건강에 따라 2~4시간마다 먹인다. 이 방법을 택하면 식사 스케줄을 짤 수 있다.

아기 음식 선택하기: 모유 vs 분유

아기의 첫 식사는 모유 또는 분유가 된다. 소아과 의사, 간호사, 육아계 종사자들은 동의한다. 그러나 모유 수유를 할 수 없는 엄마들도 있고, 모유 수유가 실용적이지 택하도록 한다.

 모유

☺ 장점	☹ 단점
☺ 비용이 덜 든다.	☹ 엄마가 아기에게 '매여 있다'는 느낌을 받을 수 있다.
☺ 수유하기 편하다.	☹ 엄마가 잠잘 시간이 줄어든다.
☺ 가장 자연적인 수유 방법이다.	☹ 더 자주 먹어야 한다.
☺ 항체와 기타 중요 효소를 공급해 준다.	☹ 아빠가 소외감을 느낄 수 있다.
☺ 엄마와 아기 사이의 유대를 강화시켜 준다.	—
☺ 자궁 수축을 도와준다.	—
☺ 아기를 편안하게 해 준다.	—

모유가 더 우수하며 아기가 최상의 신체 기능을 발휘하기 위해서도 모유가 좋다는 데
못하다고 생각하는 사람도 있다. 다음 사항들을 고려해 자신에게 가장 잘 맞는 쪽을

분유

😊 장점	😞 단점
😊 누구나 먹일 수 있다.	😞 항체가 들어 있지 않다.
😊 덜 자주 먹여도 된다.	😞 비용이 많이 든다.
😊 섭취량을 측정하기 쉽다.	😞 필요한 용품이 많다.
😊 여행 중에도 먹이기 쉽다.	😞 더 많은 준비가 필요하다.
😊 엄마가 약품이나 식단을 염려하지 않아도 된다.	—
—	—
—	—

모유 수유

아빠의 가슴은 아기에게 젖을 먹이기에 적합하지 않다. 만약 여러분이 아빠라면 아래의 정보를 주의 깊게 읽어 보고 엄마에게 이 책을 넘겨주어 확인하게 하는 것이 좋다.

모유 수유의 기초

아기는 태어나자마자 젖을 빨 수 있는 본능과 기술을 타고난다. 하지만 엄마는 별도의 훈련이 필요하다. 엄마는 아래의 용어에 익숙해지도록 한다.

초유

아기가 태어난 뒤 처음 며칠 동안 엄마의 젖가슴에서는 짙은 노란색의 진한 액체인 초유가 분비된다. 초유에는 항체, 단백질, 몸을 보호하기 위한 필수 성분이 풍부하게 들어 있다.

전유와 후유

한 번 수유할 때마다 엄마의 젖가슴에서는 보통 두 종류의 모유가 분비된다. 아기는 먼저 전유를 먹게 된다. 전유는 농도가 묽고 물기가 많은 액체로 아기의 목마름을 해소해 준다. 그 다음에 나오는 진하고 걸쭉한 후유는 아기의 건강과 성장에 중요한 역할을 한다.

사출 반사*

젖을 먹이기 시작하면 엄마에게서 자동으로 사출 반사가 일어날 수 있다. 엄마의 몸에서는 모유를 활발하게 생성해 유두에서 젖이 나오게 하는 호르몬이 분비된다. 사출 반사가 나타나지 않는 엄마들도 있는데, 이 역시 정상이다.

---

* 젖이 자연적으로 뿜어져 나오는 현상.

78

젖몸살

수유 시간에 맞춰 엄마의 유방에는 미리 젖이 차게 되는데, 이로 인해 젖몸살이 생겨 불편할 수 있다. 젖몸살을 풀어 주려면 아기에게 젖을 먹이거나, 냉찜질 또는 온찜질을 하거나, 유축기를 사용한다.

 전문가 한마디
젖몸살을 풀기 위해 유축기를 사용할 때는 한 번에 30㎖ 이상 짜내지 않도록 한다. 많이 짜낼수록 모유가 더 많이 생긴다.

꼭 필요한 수유 용품

다음의 용품들을 사용하면 모유 수유를 더 쉽게 할 수 있다. 모두 가까운 육아 용품점이나 쇼핑몰에서 구입할 수 있다.

수유 쿠션
수유용으로 특별히 제작된 쿠션이다. 엄마의 몸에 두르면 꼭 맞으며, 젖을 먹이는 동안 아기를 받쳐 준다.

아기 띠
한쪽 어깨에 메는 아기 띠로 아기를 받치고 수유하는 것을 편하게 느끼는 엄마들도 있다.

편안한 의자 또는 흔들의자
엄마의 체형과 앉는 자세에 맞는 의자는 수유하는 동안 편안함을 높여 준다. 의자 대신 스툴을 사용하기도 한다.

수유 셔츠·수유 브라
수유 셔츠는 단추가 없고 앞여밈이 천으로 덮여 있어 젖을 먹이기 쉽다. 수유 브라도 쉽게 젖을 먹일 수 있고, 수유 후에 가슴을 건조하게 유지시킨다. 가슴 크기가 변하기 때문에 수유 브라는 젖이 돌기 시작한 후에 구입하는 것이 좋다.

유축기·유축 용품

유축기는 엄마의 가슴에서 젖을 짜낼 때 쓰는 기구로 수동식과 전동식이 있다. 유축기를 사용하면 엄마는 지속적인 수유의 부담에서 벗어나 휴식을 취할 수 있고, 아빠가 아기와 가까워질 수 있는 기회도 생긴다. 가격이 비싸기 때문에 대여하면 좋다. 보건소 등에서 대여할 수 있다. 모유 보관용 병과 가방, 수유용 젖병, 젖꼭지가 함께 필요하다.

수유에 좋은 음식

모유의 성분은 엄마가 먹는 음식에 따라 달라진다. 건강한 식단의 좋은 점을 아기에게 전해 주고 아기를 가장 건강하게 만들기 위해 다음의 가이드라인을 따른다.

1 칼로리 섭취량을 조절한다. 엄마는 하루 섭취량을 300~500㎉ 정도 늘리는 것이 좋다. 엄마와 아기에게 필요한 경우 의사와 상담한다.

2 균형 잡힌 식사를 한다. 통곡물, 곡류, 과일, 채소, 유제품은 물론 단백질, 칼슘, 철분을 포함한 다양한 식품을 몇 차례씩 먹는다.

3 담배, 카페인, 술을 피한다. 새로운 연구 결과에 따르면 모유 수유 중 흡연은 유아 돌연사증후군과 직접적인 관계가 있다(p.222 참고). 적당량의 카페인은 괜찮지만, 수유 후에만 섭취해 다음 수유 전에 체내 시스템에서 빠져나가도록 해야 한다. 술도 마찬가지지만 되도록 맥주, 와인, 칵테일 모두 피하는 것이 좋다.

4 매운 음식을 조심하는 엄마들도 있다. 모유에서 카레나 마늘, 생강 맛이 나면 싫어하는 아기도 있고, 알아차리지 못하는 아기도 있다. 위와 같은 음식을 먹었을 때는 아기의 반응을 잘 살피도록 한다.

5 아기가 배앓이를 할 때는 가스를 발생시키는 음식을 피한다(p.210 참고).

6 비타민, 약, 영양보충제에 관해서는 의사와 상의한다. 많은 엄마들이 출산 전에 복용하던 비타민을 모유 수유 중에도 계속 복용한다. 어떤 종류든 영양 보충제나 조제약을 복용하기 전에 의사와 상담한다.

7 하루 최소 2ℓ의 물을 마신다.

8 체중 감량을 위한 다이어트는 피한다.

 주의

체중 감량 다이어트를 시작할 때는 먼저 의사와 상의하여 아기가 적절한 영양을 공급받을 수 있도록 해야 한다. 다이어트 약은 금물이며, 건강한 식단과 운동을 균형 있게 병행하여 일주일에 0.5kg 정도만 줄이도록 계획을 세운다. 체중 감량은 최소한 출산 6주가 지난 후부터 시작한다. 임신 전 체중으로 돌아가려면 대부분 출산 후 10~12개월이 걸린다는 것을 알아 두자. 모유 수유를 하면 하루에 300㎉가 소모된다는 사실도 염두에 둔다.

9 알레르기 증상이 있는지 살펴본다. 아기가 방귀나 설사, 발진 등의 증상을 보이거나 신경질적이라면 유제품 알레르기를 의심해 봐야 한다. 엄마가 2주 동안 유제품을 끊고 아기의 상태가 나아지는지 살펴본다. 상태가 좋아지면 의사에게 알린다.

모유 수유 자세

엄마들이 아기에게 젖을 먹일 때 취하는 자세는 다양하다. 그중 가장 많이 취하는 자세는 다음 세 가지다. 수유에 익숙해지면 이 자세에서 응용해 자신에게 가장 편한 자세로 바꿀 수 있다.

 전문가 한마디
엄마와 아기가 모두 옷을 벗은 상태에서 수유를 하는 경우도 많다. 맨살 접촉이 늘면 수유에 대한 아기의 반응과 모유 생성이 모두 활발해진다.

요람 자세

'만능' 수유 자세로 엄마들이 가장 쉽게 취할 수 있는 자세 중 하나다(그림A).

1 편안한 자리에 앉는다. 엄마의 팔과 등, 아기의 몸무게를 베개로 지탱한다. 필요한 경우 발받침 위에 발을 올려놓는다.

2 아기의 머리가 수유할 가슴 가까이 오도록 양팔로 안는다.

3 아기의 몸을 돌려 엄마와 얼굴을 마주보게 한다. 엄마의 가슴이 아기의 얼굴과 맞닿게 된다.

4 아기의 움직임을 줄이기 위해 아기의 팔 밑에 손을 넣는다.

5 아기가 젖을 빨도록 유도한다(p.86 참고).

럭비 자세

절개 부위에 아기가 닿는 것을 막기 때문에 제왕절개로 출산한 산모들이 회복 중에 많이 사용하는 자세다. 출산 방법에 상관없이 모든 아기에게 사용할 수 있다(그림B).

1 편안한 자리에 앉는다. 팔 밑에 베개를 끼고 발받침 위에 발을 올려놓는다.

2 한쪽 팔을 아기의 몸통, 등, 머리 밑으로 넣어 아기의 두 발이 엄마의 몸 옆쪽과 팔 사이에 오게 한다. 왼쪽 젖을 물릴 때는 왼팔을 쓰고, 오른쪽 젖을 물릴 때는 오른팔을 쓴다. 아기의 머리와 목을 팔로 받쳐 준다.

3 아기의 몸을 돌려 엄마와 얼굴을 마주 보게 한다.

4 아기의 몸통을 엄마의 겨드랑이 밑에 편안하게 끼운다.

5 아기가 젖을 빨도록 유도한다(p.86 참고).

누운 자세

밤에 가장 많이 사용하는 자세다. 엄마가 피곤할 때 유용한 자세이기도 하다 (그림C).

1 자리에 눕는다. 왼쪽 젖을 물리려면 왼쪽으로 눕고, 오른쪽 젖을 물리려면 오른쪽으로 눕는다.

2 엄마의 몸 뒤쪽과 머리 밑에 베개를 한 개씩 받치고, 무릎 사이에도 하나를 낀다.

3 아기를 엄마 가슴 바로 옆에 오게 한다. 아기의 몸이 엄마의 몸과 마주 보고, 아기의 얼굴이 엄마의 가슴 높이에 와야 한다.

4 아기의 몸 뒤쪽에 베개를 대 주어 엄마의 몸에 편안하게 밀착되도록 한다.

5 아기가 젖을 빨도록 유도한다(p.86 참고).

공공장소에서 수유하기

모유 수유는 대부분의 공공장소에서 용인된다. 다음 방법을 이용하면 더욱 편안하게 수유할 수 있다(그림D).

1 조용하고 쾌적한 공간을 찾는다. 실외라면 사람의 왕래가 적고 되도록 벤치나 좌석이 있는 곳을 찾아본다. 음식점이나 백화점에서는 안내원이나 점원에게 문의해 개인용 공간이나 사무실을 이용할 수 있는지 알아본다.

2 요람 자세 또는 럭비 자세를 취한다. 포대기를 펼쳐 아기의 몸과 엄마의 어깨 위를 덮고, 텐트처럼 아기의 머리와 엄마의 드러난 젖가슴을 가린다. 포대기는 너무 무겁지 않은 것이어야 하며, 아기의 얼굴에 너무 가깝게 덮지 않도록 한다.

3 수유를 시작한다(p.86 참고).

4 엄마의 가슴과 아기의 몸을 포대기로 덮은 상태에서 아기를 트림시킨다 (p.98 참고).

5 다른 쪽 가슴으로 바꿀 때는 포대기의 방향도 바꾼다.

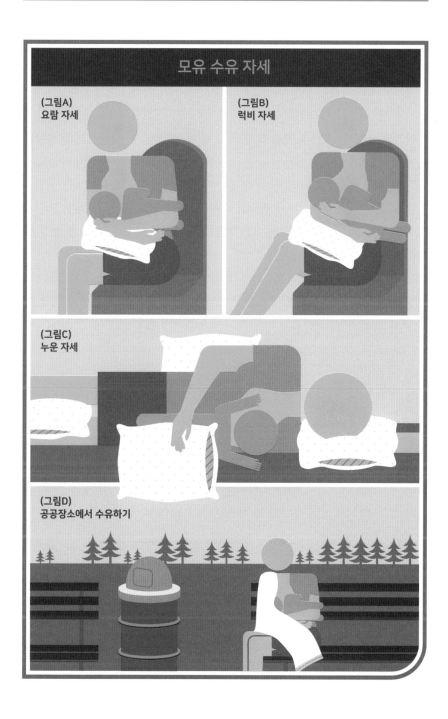

모유 수유 자세

(그림A)
요람 자세

(그림B)
럭비 자세

(그림C)
누운 자세

(그림D)
공공장소에서 수유하기

젖 물리기

젖을 제대로 물려야 모유 수유를 잘 할 수 있다. 아기가 젖을 약하게 물면 젖이 잘 안 나와 아기도 불만족스럽고, 엄마도 유두가 아파 고통스럽다.

1 아기의 얼굴이 엄마의 가슴을 향하게 한다. 그러면 아기가 자신의 식량원을 잘 볼 수 있게 된다. 아기의 몸은 머리부터 발끝까지 일자가 되어야 한다.

2 먹이 찾기 반사가 일어나게 한다. 아기의 뺨을 손가락으로 건드리면 아기가 자극이 오는 쪽으로 고개를 돌리고 입을 벌려 음식물을 받아들일 준비를 한다(그림A).

3 아기의 머리와 몸이 엄마의 가슴을 향하도록 안아 올린다. 항상 아기를 가슴 쪽으로 움직이고, 가슴을 아기 쪽으로 움직이지 않도록 한다.

4 아기의 입이 유두와 유륜을 완전히 덮도록 한다. 아기가 엄마의 젖가슴과 밀착되어야 젖을 제대로 물린 것이다(그림B). 아기의 아랫입술은 바깥으로 젖혀진 모양이 되어야 한다. 아기가 유두만 물거나 유륜의 일부만 물면 엄마도 유두에 통증을 느끼고, 아기도 불만족스러울 수 있다.

5 아기가 젖을 물었으면 아기의 몸 전체를 엄마 몸 쪽으로 오게 한다. 수유 자세에 따라 베개를 추가로 대어 더 안정감 있게 받쳐 준다(그림C).

6 자동적으로 수유가 시작되어야 한다. 아기가 젖을 빨면 귀가 움직이고, 삼키는 소리가 들린다.

7 수유를 끝내려면 손가락 하나를 아기의 입에 넣어 그만 빨게 한 뒤 가슴을 뺀다. 가슴을 바꾸고 싶거나 수유가 원활하지 못했으면 1단계에서 6단계까지 반복한다.

전문가 한마디

수유하는 동안 아기의 뒤통수를 만지지 않도록 한다. 뒤통수를 만지면 아기가 반사 작용으로 몸을 뒤로 젖혀 가슴을 다칠 수 있다. 손으로 아기의 목 뒤와 귀 밑을 잡아 아기의 목을 받쳐 준다.

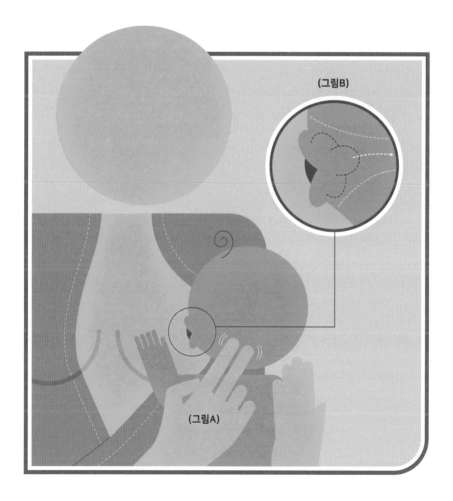

(그림B)

(그림A)

가슴 바꾸기와 적절한 수유 빈도

아기가 하루 동안 양쪽 가슴을 각각 같은 시간씩 빠는 것이 이상적이다. 하지만 젖을 빠는 시간은 아기마다, 수유할 때마다 다르기 때문에 한쪽 젖을 빠는 시간을 정확히 재기는 어렵다. 아기의 급격한 성장, 수유 빈도, 엄마의 수유 철학 등이 젖 빨리는 시간에 영향을 미칠 수 있지만, 일반적으로 다음의 방법을 추천한다.

> 🔅 **전문가 한마디**
> 모유가 충분히 돌지 않을 경우 수유의 빈도를 늘린다. 가슴에 자극을 많이 줄수록 젖이 더 많이 생성된다. 모유에 분유를 보충해 먹이기 전에 의사와 먼저 상의한다.

1 아기는 처음에 빤 젖을 나머지 한쪽보다 더 오랫동안 빠는 경우가 많다. 젖을 먹일 때마다 이전에 마지막으로 물렸던 쪽 가슴부터 빨게 하면 모유가 생성되는 양을 똑같이 맞출 수 있다. 안전핀을 브래지어에 끼워 표시하거나 메모지에 적어 두면 기억하기 쉽다.

2 한쪽 가슴을 10~15분 정도 빨게 한다. 전유와 후유 모두 대부분 이때 나온다. 아기가 그만 빨 때까지 젖을 먹인다.

3 트림을 시킨다(p.98 참고).

4 다른 쪽 가슴을 물리고 원하는 시간만큼 빨게 한다.

5 트림을 시킨다(p.98 참고).

6 필요한 경우 깨끗한 기저귀를 채워 준다.

7 마지막에 어느 쪽 가슴으로 먹였는지 기억한다(1단계 참고).

전문가 한마디

갓난아기는 처음 문 쪽 가슴을 빨다가, 또는 뺀 직후에 잠드는 경우가 많다. 아기를 깨워 계속 젖을 먹이기 위해서는 기저귀를 갈거나 아기의 발 또는 등을 어루만져 준다.

젖병 수유

젖병을 이용한 수유는 많은 엄마들에게 편하고 쉬운 수유 방법이다. 모유수유를 하지 않는 엄마들은 이 편리한 용기에 분유를 타서 먹이면 된다. 모유수유를 하는 경우에도 젖을 짜서 엄마 이외의 다른 사람이 아기에게 먹이도록 할 수 있다. 이때 젖병은 깨지지 않는 것으로 고르고, 꼭지가 비스듬한 것이면 더 좋다. 이런 모양의 젖병은 공기 방울이 꼭지 쪽에 지나치게 모이는 것을 막아 준다.

젖병 세척

아기가 감염되는 것을 막기 위해 첫 6개월 동안 수유 도구를 매일 소독한다. 6개월이 지나면 매번 세재와 물로 씻고, 일주일에 한 번씩 소독한다. 젖병, 젖꼭지, 모유 보관 용기, 뚜껑 등 모든 도구를 살균한다.

1 비누와 따뜻한 물로 손을 꼼꼼하게 씻는다.

2 모든 수유 도구를 비우고 씻는다. 세제, 따뜻한 물, 솔을 사용해 도구 하나하나를 씻고 헹군다.

3 큰 냄비에 물을 채우고 도구를 모두 넣는다.

4 물과 도구들을 최소 10분 동안 끓인다. 도구들이 녹지 않도록 냄비 뚜껑은 덮지 않는다.

5 냄비를 불에서 내린다.

6 도구들을 꺼내 물을 빼고 공기 중에서 말린다.

모유 보관

1 모유를 짠다. 유축기나 손으로 젖병 등 소독한 용기에 젖을 짠다. 한 끼 식사로 충분한 양(60~120㎖)을 짜 두고, 조금씩 나눠 먹일 수 있는 분량(30~60㎖)을 더 짜서 보관하는 것이 좋다.

2 용기를 단단히 밀봉한다.

3 날짜와 시간을 용기에 표시한다.

4 용기를 냉장고에 넣거나 모유를 비닐 팩에 옮겨 담아 냉동고에 넣어 둔다. 모유는 냉장고에서 5일 동안 보관할 수 있고, 이 기간 중 언제라도 얼릴 수 있다. 냉동고에서는 2~4개월 동안 보관할 수 있다.

 주의
얼렸다가 녹인 모유는 24시간 안에 모두 먹여야 한다. 남은 모유는 버린다.

보관해 둔 모유 데우기

1 냉동고에 보관했던 모유는 뜨겁지 않은 따뜻한 물에 용기를 담가 녹이거나 냉장고에 넣어 녹인다. 녹인 모유는 젖병에 옮겨 담는다.

2 젖병을 따뜻한 물에 넣고 모유가 미지근해질 때까지 둔다.

 주의
전자레인지로 모유를 데우면 안 된다. 모유가 고르게 데워지지 않고 모유에 들어 있는 중요한 효소들이 파괴된다.

3 젖꼭지를 젖병에 끼운다.

4 젖병을 좌우로 부드럽게 굴린다. 모유를 데우는 동안 모유의 지방 성분이 분리될 수 있는데, 젖병을 굴리면 다시 섞인다. 젖병을 흔들어서는 안 된다.

5 손목 안쪽에 모유 몇 방울을 떨어뜨려 모유의 온도를 잰다. 온도는 체온과 같거나 약간 낮아야 한다. 뜨거우면 냉장고에 넣어 식힌다.

6 아기에게 먹인다. 남은 모유는 모두 버린다.

분유 수유

분유의 브랜드와 종류는 수없이 많다. 대부분의 분유는 우유를 아기에게 맞게 가공한 것이다. 두유로 만든 분유도 있다.

혼합 분유

시판되는 분유의 형태는 다음과 같다. 본인의 생활 방식에 가장 잘 맞는 형태의 제품을 선택한다.

혼합 분유

캔 또는 일회용 포장으로 판매되고 있는 혼합 분유는 고농축 분말(또는 액체)로, 살균수에 타서 먹인다. 분말형은 양을 재서 빈 병에 담아 두어도 물을 붓기 전까지 상하지 않아 여행할 때 편리하다. 다른 분유보다 수고가 많이 들지만 가장 저렴하다.

액상 분유

캔이나 팩에 들어 있는 액상 분유를 소독한 젖병에 부어 먹이기 전에 데운다. 적당히 간편하고 가격도 적절하다.

분유 타는 방법

분유를 필요한 양만큼 탄다. 먹이기 전에 미리 타 놓는 것은 좋지 않다.

1 주전자에 물을 끓인다. 물의 양은 분유 캔에 적힌 설명대로 조절한다.

2 손을 깨끗이 씻는다.

3 체온보다 약간 높을 때까지 물을 식힌다.

4 젖병에 필요한 양만큼 물을 붓는다.

5 분유를 탄다.

6 젖꼭지를 끼운다.

7 손가락으로 꼭지를 막거나 뚜껑을 덮고 젖병을 흔든다. 덩어리가 없어질 때까지 흔든다.

8 손목 안쪽에 분유를 몇 방울 떨어뜨려 분유의 온도를 재 본다. 온도는 체온과 같거나 그보다 낮아야 한다. 너무 따뜻하면 냉장고에 넣어서 식힌다.

이 밖에 미국이나 유럽에서는 120㎖와 240㎖ 용기에 담긴 일회용 분유를 이용하기도 한다. 용기를 데워서 소독한 젖꼭지를 끼우면 되므로 편리하다.

외출했을 때 분유 타기

분유를 먹이는 엄마들은 기저귀 가방에 젖병과 몇 차례 먹일 분유를 항상 준비해 두어야 한다. 대부분의 음식점과 커피숍에서 분유 타는 데 필요한 따뜻한 물을 제공받을 수 있다.

1 음식점이나 커피숍 직원에게 따뜻한 물을 부탁한다.

2 젖병에 분유와 물을 넣는다. 뚜껑을 닫고 손가락으로 젖꼭지를 막은 상태에서 세게 흔든다. 젖병 안이나 젖꼭지에 덩어리가 남아 있지 않도록 한다.

3 얼음이나 차가운 물에 젖병을 넣어 분유를 미지근하게 한다.

4 손목 안쪽에 몇 방울 떨어뜨려 온도를 잰다. 온도는 체온과 같거나 낮아야 한다. 너무 뜨거우면 얼음을 더 넣는다.

5 아기에게 먹인다(p.94 참고).

젖병 수유

젖병 수유는 언제 어디서나 할 수 있다. 엄마는 편안하게 앉아도 되고 서 있어도 된다. 아기는 항상 곧은 자세가 되도록 안는다. 아기를 눕히면 숨이 막히거나 귓병이 생길 위험이 높아진다.

1 수유를 시작하기 직전 젖병 꼭지를 따뜻한 물에 담가 사람 체온 정도로 데운다(그림A).

2 아기를 양팔로 안는다(p.82 참고). 아기의 머리를 몸통보다 약간 높이 든다(그림B).

3 먹이 찾기 반사가 나타나게 한다. 아기의 뺨을 손가락으로 건드리면 아기가 자극이 오는 쪽으로 고개를 돌리고 입을 벌려 음식물을 받아들일 준비를 한다(그림C).

4 젖꼭지를 아기 입안에 넣고, 젖꼭지를 움직여 아기의 입천장에 닿게 한다. 아기의 입술은 안으로 말리지 않고 바깥으로 젖혀져야 한다(그림D).

 전문가 한마디

아기의 윗입술을 위쪽으로 가볍게 들어 올리면서 젖꼭지를 넣는다. 아랫입술을 내려 바깥으로 벌리면서 젖꼭지가 입안에 자리 잡게 한다.

5 젖병을 세워서 잡는다. 젖병의 둥근 입구 부분이 모유나 분유로 채워져 있어야 한다. 젖병을 잡아 주기만 한 채 아기가 혼자 빨게 하면 안 된다. 아기가 다칠 수 있다.

 주의

꼭지에 공기가 차지 않게 한다. 공기 때문에 배에 가스가 차서 아기가 불편할 수 있기 때문이다.

6 젖병이 비워지거나 5~10분이 지난 후에 젖병을 뺀다. 약 60~90g을 먹은 상태가 된다(그림E).

7 트림을 시킨다(p.98 참고/그림F).

8 아기가 약 100㎖를 다 먹을 때까지, 또는 배가 불러 보일 때까지 다시 먹인다(그림G).

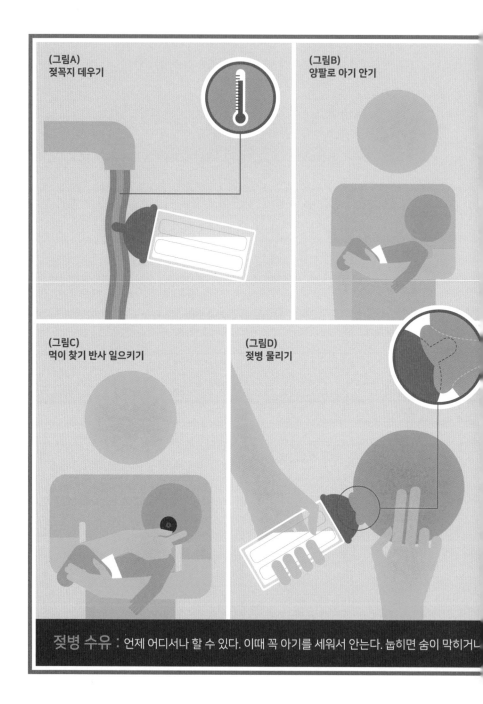

(그림A)
젖꼭지 데우기

(그림B)
양팔로 아기 안기

(그림C)
먹이 찾기 반사 일으키기

(그림D)
젖병 물리기

젖병 수유 : 언제 어디서나 할 수 있다. 이때 꼭 아기를 세워서 안는다. 눕히면 숨이 막히거나

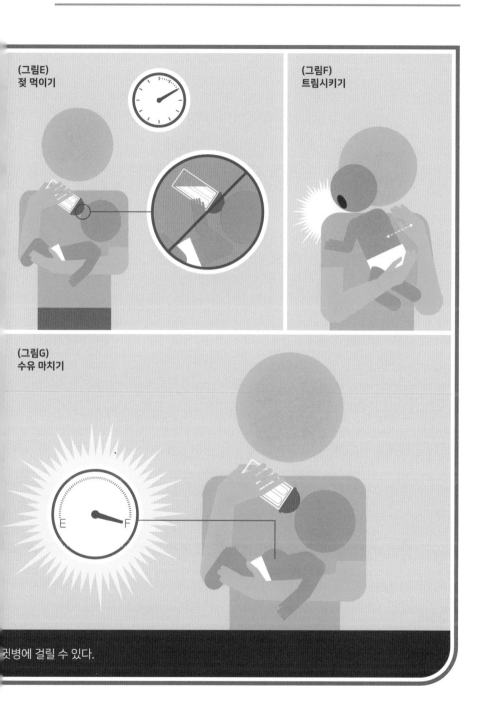

(그림E)
젖 먹이기

(그림F)
트림시키기

(그림G)
수유 마치기

귓병에 걸릴 수 있다.

트림시키기

아기는 먹을 때마다 공기를 삼키게 된다. 공기 때문에 헛배가 부르거나 배에 가스가 차 불편하거나 구토를 할 수도 있다. 이런 증상은 규칙적으로 트림을 시켜 주면 예방할 수 있다. 생후 몇 달 동안은 수유 중간에, 그리고 수유가 끝난 뒤에 트림을 시킨다. 4개월쯤 지나면 수유하는 동안에 주기적으로 트림을 시킨다. 특히 젖병으로 60~90g을 먹인 후에 또는 가슴을 바꿀 때 시켜 준다.

 전문가 한마디
중간에 방해를 받으면 다시 젖을 먹기 힘들어 하는 아기들도 있다. 여러분의 아기가 이런 경우라면 다 먹을 때까지 기다렸다가 트림을 시킨다.

다음의 방법 중 하나를 택해 트림을 시킨다.

어깨로 안고 트림시키기(그림A)
1 한쪽 어깨에 트림 수건을 걸친다.

2 어깨로 아기를 안는다(p.45 참고).

3 아기의 등을 문지른다. 어깨뼈 부근에 작은 원을 그리듯이 문지른다. 이렇게 해도 아기가 트림을 하지 않으면 다음 단계로 넘어간다.

4 엉덩이에서 어깨뼈 쪽으로 올라가며 아기의 등을 부드럽게 토닥인다.

5 3, 4단계를 5분 동안 되풀이한다. 아기가 트림을 하지 않으면 수유를 계속하거나 끝낸다. 아기가 정상적으로 활동할 것이다.

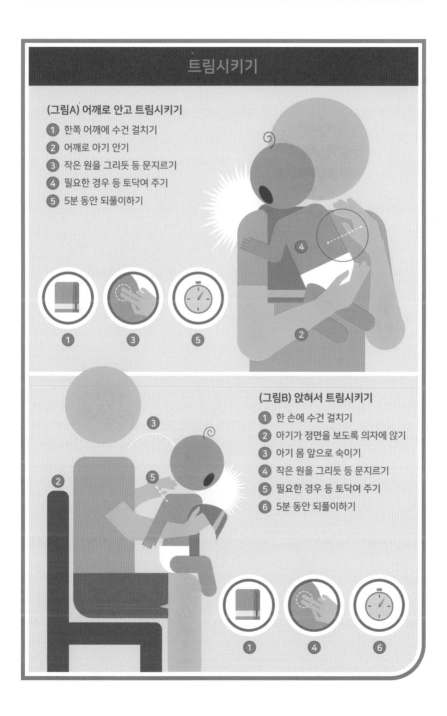

트림시키기

(그림A) 어깨로 안고 트림시키기

1. 한쪽 어깨에 수건 걸치기
2. 어깨로 아기 안기
3. 작은 원을 그리듯 등 문지르기
4. 필요한 경우 등 토닥여 주기
5. 5분 동안 되풀이하기

(그림B) 앉혀서 트림시키기

1. 한 손에 수건 걸치기
2. 아기가 정면을 보도록 의자에 앉기
3. 아기 몸 앞으로 숙이기
4. 작은 원을 그리듯 등 문지르기
5. 필요한 경우 등 토닥여 주기
6. 5분 동안 되풀이하기

앉혀서 트림시키기(그림B)

1 한쪽 손에 트림 수건을 걸치고 의자에 앉는다.

2 아기의 얼굴이 정면을 향하도록 무릎에 앉히고, 나머지 한 손을 아기의 등에 댄다. 수건을 걸친 손은 아기의 가슴에 대고 손가락으로 아기의 목과 머리를 지탱해 준다. 아기의 몸을 앞으로 숙인다.

3 아기의 등을 문지른다. 어깨뼈 부근에 작은 원을 그리듯이 한다. 아기가 트림을 하지 않으면 다음 단계로 넘어간다.

4 아기의 등을 토닥인다. 엉덩이에서 어깨 쪽으로 부드럽게 토닥인다.

5 3, 4단계를 5분 동안 되풀이한다. 아기가 트림을 하지 않으면 수유를 계속하거나 끝낸다. 아기가 정상적으로 활동할 것이다.

밤중 수유 끊는 법

아기는 최소 생후 9~12개월까지 한밤중에 젖을 찾는다. 하지만 생후 1년이 지나도 젖을 찾는 것은 아기 몸에 필요해서라기보다 습관이 더 큰 원인이다. 아래의 방법에 따라 밤중 수유를 끊어 보자.

1 모유나 분유의 양을 차츰 줄인다. 젖병 수유를 할 경우 첫째 날 밤에는 210㎖를 주고, 둘째 날 밤에는 180㎖를 주는 식으로 한다. 모유 수유를 할 때는 매일 밤마다 수유 시간을 1분씩 줄여 나간다.

2 아기가 낮에 먹는 습관을 관찰해 본다. 아기들은 대개 밤에 먹지 못한 것을 깨어 있는 시간 동안 더 많이 먹어 보충하려고 한다. 낮에 젖을 충분히 먹이면 더 이상 밤에 젖을 찾지 않게 된다.

이유식 처음 먹이기

아기가 혼자 앉고, 물건을 씹거나 물어뜯고, 몸무게가 두 배로 늘었으면 이유식을 먹을 준비가 된 것이다. 보통 4~6개월 사이에 이 단계에 이른다. 이유식을 시작하기 전에 의사에게 문의한다.

이유식 먹이기용 필수 도구
모유나 분유에서 고형식인 이유식으로 넘어갈 때는 다음과 같은 새로운 도구들이 필요하다.

작은 아기 숟가락
깨지지 않는 멜라민 소재의 숟가락이다. 크기가 작아 아기의 작은 입에 쏙 들어가고, 부드러워서 아기의 잇몸이 다치지 않는다. 2~3개 정도 준비하면 충분하다.

아기 그릇
아기용으로 특별히 제작된 그릇으로, 역시 멜라민으로 만들어졌다. 소량의 음식만 담을 수 있다.

턱받이
아기의 목에 묶어 주는 작은 천 조각으로, 뱉어 낸 음식이나 음식 얼룩이 아기 옷에 묻는 것을 최소한으로 줄여 준다. 아기 용품 매장에서 구입할 수 있다.

유아용 식탁의자
식사 시간 동안 아기의 움직임을 제한해 준다. 종류가 다양하며, 대부분 쟁반이 위에 붙어 있어 먹을 것을 올려놓을 수 있다. 튼튼한 것으로 고른다.

주의
혼자 앉지 못하는 아기는 유아용 식탁의자에서 먹이지 않는다. 유아용 식탁의자에 앉혔을 때는 아기에게서 눈을 떼지 않아야 한다.

이유식 먹이기

첫 이유식은 쌀미음이 좋으며 분말 이유식을 먹이기도 한다. 첫 이유식은 이유식 먹이기 연습용으로 생각하고 그날의 총 식사 횟수에는 포함시키지 않는다. 하루에 한 번 이유식을 주면서 모유 또는 분유 수유는 원래대로 계속한다.

1 쌀미음 또는 분말 이유식을 준비한다. 분말 이유식은 농도를 묽게 해 덩어리가 없어질 때까지 계속 섞는다. 차게 해서 먹여도 되고 따뜻하게 먹여도 된다.

2 엄마 무릎이나 아기를 지탱해 주는 유아용 식탁의자에 아기를 앉힌다.

3 턱받이를 해 준다.

4 아기 숟가락으로 이유식을 반 숟가락 떠서 입에 넣어 준다. 아기가 혀로 음식물을 밀어낼 수도 있다. 아기는 원래 혀를 앞뒤로 움직이면서 빨기 때문에 이는 흔히 있는 일이다. 연습을 통해 음식을 입 속에 가지고 있다가 삼키는 법을 깨닫게 된다.

5 이유식 한 숟가락을 새로 떠서 먹이거나 아기의 입에서 나온 것을 다시 입에 넣어 주면서 이유식을 다 먹거나 배불러 보일 때까지 4단계를 되풀이한다.

6 인내심을 갖는다. 아기는 빠는 것과는 아주 다른 복잡하고도 완전히 새

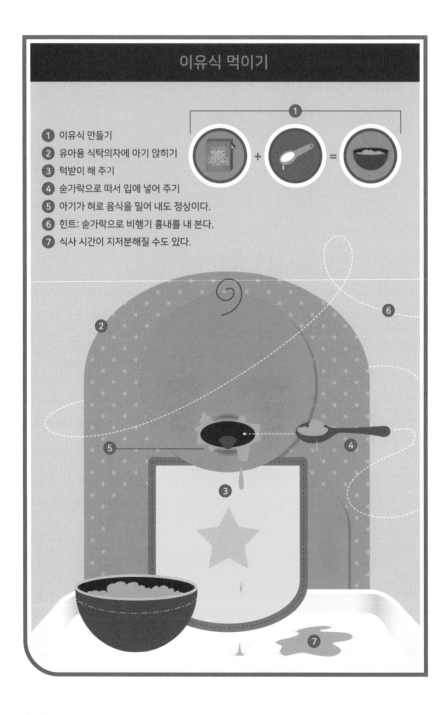

이유식 먹이기

1. 이유식 만들기
2. 유아용 식탁의자에 아기 앉히기
3. 턱받이 해 주기
4. 숟가락으로 떠서 입에 넣어 주기
5. 아기가 혀로 음식을 밀어 내도 정상이다.
6. 힌트: 숟가락으로 비행기 흉내를 내 본다.
7. 식사 시간이 지저분해질 수도 있다.

로운 기술을 익히는 중이다. 생과일이나 채소, 또는 채소 퓌레를 처음 먹이기에 적절한 시기에 대해서는 의사와 상의한다.

혼자 먹기 연습

아기는 태어날 때부터 엄지와 검지로 집는 능력을 가지고 있어 스스로 먹을 수 있다. 하지만 최소한 생후 12개월은 되어야 능숙하게 집을 수 있게 된다. 혼자 먹기 연습을 통해 아기가 스스로 먹을 수 있게 준비시켜 주자.

1 흘림 방지 매트를 유아용 식탁의자 밑에 깐다.

2 턱받이가 아기 가슴 위에 평평하게 퍼지도록 목에 묶어 준다.

전문가 한마디
먹이기 전에 아기 옷을 벗기고 턱받이를 생략하는 엄마들도 있다. 이 경우 식사가 끝난 후 아기를 씻긴다.

3 세 가지 음식을 올려놓는다. 너무 많은 종류를 주면 아기가 혼란을 느낀다. 작은 크래커를 주거나 큰 음식을 작게 잘라 준다. 음식마다 질감이 다르고 향이 다양한 경우 아기가 자기 마음에 드는 음식을 찾을 수 있도록 해 준다.

4 아기 그릇과 숟가락을 올려놓는다. 아기는 처음에는 도구를 사용할 줄 모르지만, 익숙해지면 도구의 도움을 받게 된다.

5 아기가 음식을 시험해 보게 해 준다. 음식을 향해 손을 뻗고 음식을 집을 수 있도록 둔다. 아기는 음식을 입에 넣어야 한다는 것은 모를 수 있지만, 결국 자기 앞에 있는 것을 모두 맛보게 되어 있다.

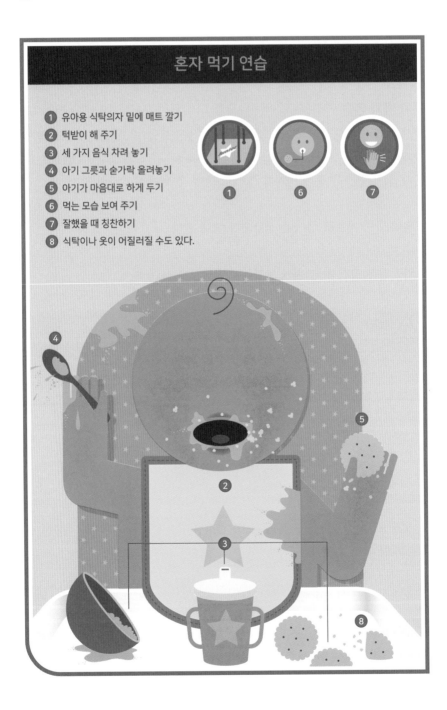

혼자 먹기 연습

1 유아용 식탁의자 밑에 매트 깔기
2 턱받이 해 주기
3 세 가지 음식 차려 놓기
4 아기 그릇과 숟가락 올려놓기
5 아기가 마음대로 하게 두기
6 먹는 모습 보여 주기
7 잘했을 때 칭찬하기
8 식탁이나 옷이 어질러질 수도 있다.

6 먹는 모습을 보여 주어 아기에게 먹는 법을 알려 준다. 음식을 집어서 입에 넣고 씹고 삼킨다.

7 아기의 발달이 더뎌도 낙담하지 말고 인내심을 갖는다. 아기가 혼자 먹게 되는 과정은 원래 매우 느린 속도로 진행된다.

8 아기가 잘했을 때 칭찬해 준다. 아기가 음식을 집거나 입 속에 넣으면 박수를 치고 환호성을 지른다. 엄마의 열렬한 반응을 얻기 위해 아기가 같은 행동을 다시 시도할 수 있다.

 주의

아기에게 먹을 것을 강요하지 않는다. 먹을 것을 주었는데 아기가 거부하면 시간을 두고 몇 분 후에 다시 시도한다. 억지로 먹이는 것은 아기가 먹는 행위를 부정적으로 보게 만들 수 있다.

 전문가 한마디

모든 초보 엄마에게 꼭 필요한 물건이 바로 흘림 방지 컵이다. 뚜껑과 주둥이가 달려 있어서 빨지 않으면 컵 안의 액체가 나오지 않기 때문에 컵을 떨어뜨려도 쏟아지지 않는다. 흘림 방지 컵을 사용하면 아기에게도 안전하고 주변이 어질러지지 않아 엄마들도 걱정을 많이 덜 수 있다.

피해야 하는 식품 6가지

아기가 먹는 이유식의 양이 늘어날수록, 아기에게 위험한 알레르기 반응을 일으키는 아래의 식품들은 피하도록 한다.

꿀

달콤한 꿀은 아기의 장 발달에 안 좋을 수 있다. 적어도 생후 2년 미만의 아기에게는 꿀을 먹이지 않도록 한다.

땅콩 및 땅콩을 원료로 한 제품

땅콩과 땅콩버터, 땅콩기름 등의 땅콩 제품은 아기에게 심각한 알레르기 반응을 유발할 수 있다. 생후 3년 미만의 아기에게는 먹이지 않는다.

감귤류 또는 주스

아기의 연약한 소화기 계통에 감귤류의 산 성분은 너무 강하다. 아기에 따라 반응이나 소화 불량이 나타나기도 한다. 감귤류를 처음 먹이기에 적절한 시기에 대해서는 의사와 상의한다.

카페인

초콜릿, 차, 커피, 탄산음료처럼 카페인이 들어 있거나 카페인과 관련된 식품은 아기의 칼슘 흡수를 방해한다.

달걀흰자

아기는 달걀흰자를 소화시키기 어렵다. 의사가 권할 때까지 먹이지 않는 것이 좋다.

우유

지방분을 제거하지 않은 우유는 아기에게 알레르기 반응을 유발할 수 있다. 최소 생후 1년 미만의 아기에게는 우유를 먹이지 않도록 한다.

젖떼기

젖떼기란 모유 수유에서 젖병 수유 또는 컵으로 먹이는 방법으로 바꾸는 과정이다. 의사들은 생후 6개월까지는 모유 수유가 가장 중요하므로, 이 시기 동안은 젖떼기를 시도하지 말라고 한다. 엄마나 아기가 젖을 뗄 준비가 되면 다음의 단계를 따른다.

1 기존 식사법 대신 모유나 분유를 컵 또는 젖병에 담아 수유 시간에 준다.

2 아기가 새로운 식사 방법에 적응하기 어려워하면 장소를 옮겨서 먹이거나, 조명과 음악을 바꾸어 색다른 분위기를 조성해 본다.

3 하루 중 모유 수유 횟수를 점차 줄인다. 2주에 한 번씩 직접 수유 대신 젖병으로 먹이거나 고형식을 준다. 아기가 영양분을 알맞게 공급받고 있는지 의사와 상의한다.

4 모유 수유를 하루에 한 번만 해도 되는 단계까지 갔으면 자기 전에 젖을 물린다.

5 잠자리에서 수유하는 시간을 매일 밤 몇 분씩 줄여 나간다.

 전문가 한마디
아기 스스로가 젖을 떼려고 하는 경우도 있다. 아기들은 대개 젖을 뗄 시점을 본능적으로 알아차리는데, 그 시기는 보통 생후 9개월쯤이다. 만약 아기가 9개월 이전에 젖을 떼려고 하면 수유를 방해하는 다른 문제가 없는지 알아본다. 젖을 뗄 준비가 되어서가 아니라 주의가 산만하거나 불편한 것이 요인일 수 있다. 건강상의 문제라면 의사와 상의한다. 또한 생후 6개월이 지나면 아기가 모유 수유를 거부하는 경우가 많은데, 이는 대부분 일시적인 현상으로 며칠이 지나면 다시 젖을 빨게 된다.

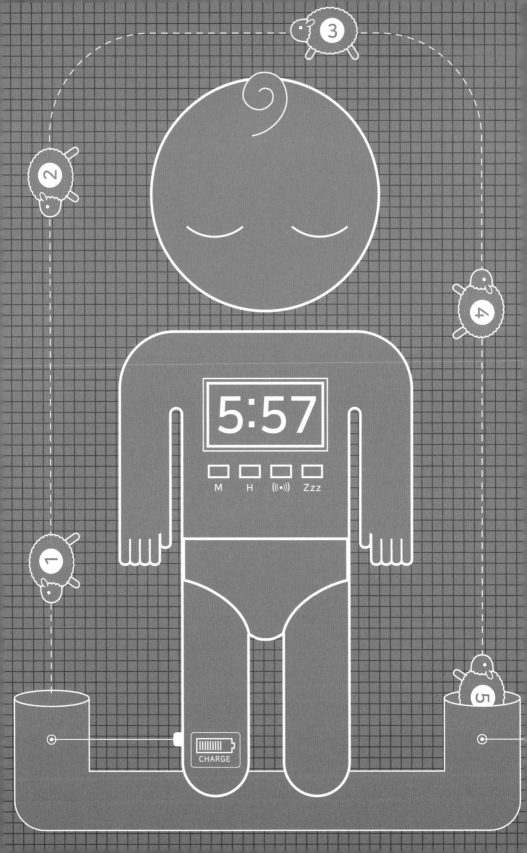

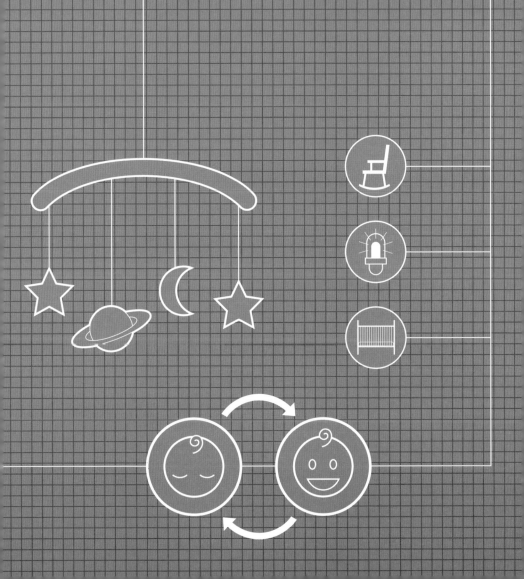

[CHAPTER 4]

아기 재우기

아기 방 꾸미기

잠자리는 아기 방에서 가장 중요한 공간이므로 세심하게 꾸며 준다. 부부 침실을 아기용으로 꾸며 주는 경우도 있다.

아기는 항상 반듯이 뉘어서 재운다. 이 자세로 재우면 유아 돌연사증후군 발생이 크게 감소한다는 보고가 있다(p.222 참고). 생후 4개월 정도가 지나면 아기는 자연스럽게 모로 눕거나 엎드려서 자기 시작한다.

> **주의**
> 아기가 잠들면 베개, 두꺼운 누비이불, 봉제 인형을 잠자리에서 모두 치운다. 지나치게 푹신한 침구 위에서나 밑에서 잠이 들면, 숨을 잘 못 쉬게 되어 아기에게 심각한 문제가 생길 수 있다.

배시네트 또는 아기요람(그림A)

배시네트*는 태어난 지 몇 개월 된 아기들을 위한 이동식 침대다. 아기 용품 매장에서 따로 구입해도 되고, 커다란 바구니에 쿠션이나 담요 등을 채워서 사용해도 된다. 휴대가 가능하다는 점에서 많은 부모들이 선호한다. 아기와 배시네트를 손이 닿는 곳에 두면 밤에 편하게 수유할 수 있다.

배시네트는 견고하면서도 모서리 공간에 빈틈이 없는 것이 좋다. 프레임이 탄탄한지, 갑작스러운 충격에도 튼튼하게 서 있는지 확인한다.

아기 침대(그림B)

아기가 자라서 자기 침대에서 잘 수 있을 때까지 쓸 수 있는 것이 좋다. 침대 난간은 살 사이의 공간 폭이 6cm를 넘으면 안 된다. 난간의 높이는 매트리스로부터 최소한 66cm 이상 올라와야 한다. 매트리스와 침대 프레임 사이의 틈은 2.5cm를 넘지 않아야 한다. 다른 사람으로부터 물려받은 아기 침

---

* 주로 미국에서 일컫는 말. 바구니 형태의 아기 침대.

대의 경우 이 같은 기준에 맞는지 확인한다.

아기가 침대 난간에 머리를 부딪치는 것을 막기 위해 범퍼를 설치하면 좋다. 범퍼를 설치할 경우 연결용 끈을 짧게 하고, 매듭을 단단하게 묶어 아기 침대 바깥으로 뺀다.

주의
아기가 활발하게 움직이기 시작하면(보통 생후 7~9개월) 범퍼를 모두 뗀다. 그대로 두면 아기가 범퍼를 발판 삼아 기어올라서 침대 밖으로 나오려고 할 수 있다.

부모 침대(그림C)

부부 침대에서 아기를 데리고 자는 부모들도 많다. 매트리스가 딱딱하다면 그래도 되지만, 푹신한 매트리스는 유아 돌연사증후군(p.222 참고)의 위험이 있다. 아기를 부모 침대에 눕히기 전에 푹신한 베개, 두꺼운 이불을 잠자리에서 치우고, 아기에게는 가벼운 이불을 덮어 준다. 아기를 엄마 아빠 사이에서 재우면 부모가 가드레일 역할을 하기 때문에 가장 안전하다. 부모 중 한 사람 대신 수면용 쿠션을 사용하면 안 된다. 수면용 쿠션 같은 침구도 침대에서 치워야 한다.

주의
아기를 베개 위에서 재우지 않도록 한다. 산소 공급을 방해해 아기 몸에 심각한 문제가 생길 수 있다.

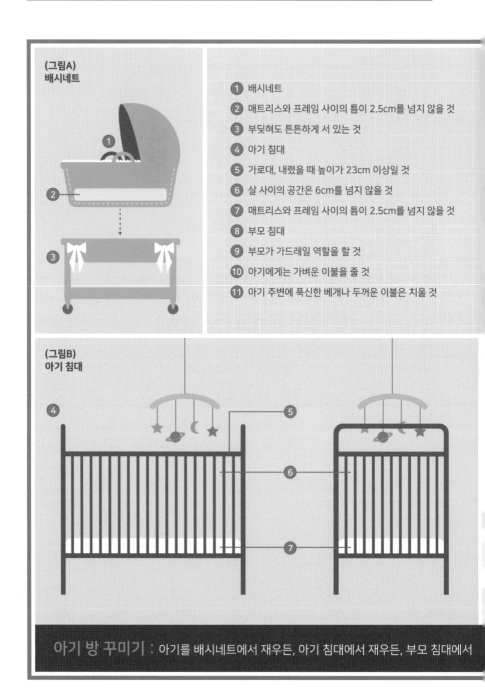

(그림A)
배시네트

1. 배시네트
2. 매트리스와 프레임 사이의 틈이 2.5cm를 넘지 않을 것
3. 부딪혀도 튼튼하게 서 있는 것
4. 아기 침대
5. 가로대, 내렸을 때 높이가 23cm 이상일 것
6. 살 사이의 공간은 6cm를 넘지 않을 것
7. 매트리스와 프레임 사이의 틈이 2.5cm를 넘지 않을 것
8. 부모 침대
9. 부모가 가드레일 역할을 할 것
10. 아기에게는 가벼운 이불을 줄 것
11. 아기 주변에 푹신한 베개나 두꺼운 이불은 치울 것

(그림B)
아기 침대

아기 방 꾸미기 : 아기를 배시네트에서 재우든, 아기 침대에서 재우든, 부모 침대에서

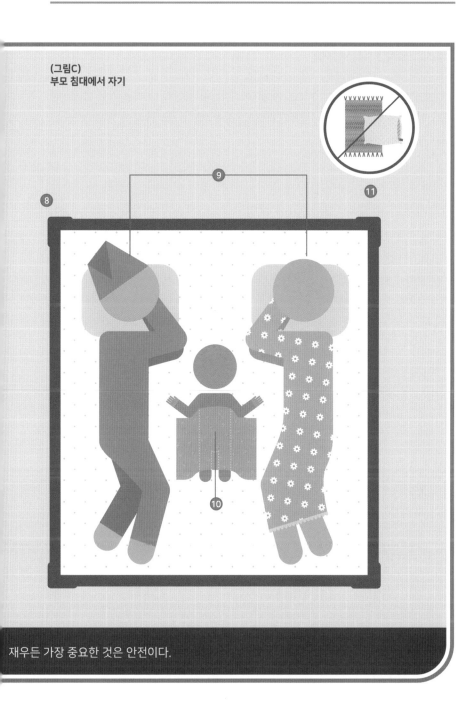

(그림C)
부모 침대에서 자기

재우든 가장 중요한 것은 안전이다.

아기 수면의 이해

갓난아기는 밤낮을 구별하는 체내 시계가 없다. 거의 항상 먹을 것을 원하기 때문에 대부분 2~4시간 간격으로 잠을 깬다. 그 때문에 부모는 잠을 충분히 자지 못한다.

이런 특징은 아기에게 문제가 있어서 그런 것이 아니며, 적절히 바로잡아 주면 극복할 수 있다. 갓난아기는 매일 최소 16시간의 수면을 취하는 것이 일반적이지만, 아기에 따라 차이가 크다. 아기의 수면 리듬은 아기가 성장하면서 달라지고 배가 고프거나 텔레비전 또는 천둥 번개 소리 같은 환경적 요인에 따라서도 달라진다.

생후 2~6개월에는 생후 1개월 때에 비해 잠자는 시간이 줄어든다. 생후 3개월이 지나면 6시간 동안 깨지 않고 자거나, 밤에 자기도 한다. 생후 1년이 지나야 밤에 긴 시간 동안 자기 시작하는 아기도 있다. 오랫동안 잠을 잘 수 있는 능력은 잠자는 장소와 부모가 아기를 재우는 방법에 영향을 받는다. 이 시기에는 모든 아기에게 매일 14~15시간의 수면이 필요하다.

생후 7~12개월이 되면 중간에 깨는 일 없이 밤에 오랫동안 잔다. 이렇게 계속 발전하는 것은 아기가 전에 비해 자주 먹지 않아도 되는 데다 수면 리듬이 자리를 잡았기 때문이다. 생후 2~6개월 때와 마찬가지로, 부모가 아기를 재우는 방법과 잠자리에 따라 아기의 수면 리듬이 영향을 받을 수 있다. 이 시기에도 아기는 매일 13~15시간 동안 자야 한다.

수면 리듬의 이해

생후 몇 달 동안 아기의 수면 리듬은 뚜렷한 패턴을 보인다. 아기는 먼저 렘 REM수면을 경험한 뒤 논렘non-REM 단계로 넘어간다. 몇 달이 지나면 아기의 수면 체계는 반대가 되어 논렘수면을 렘수면보다 먼저 취하게 된다. 이러한 리듬에 익숙해지면 아기의 수면 패턴을 이해할 수 있다.

렘수면

수면 모드로 들어가면 아기는 먼저 렘수면 단계로 접어든다. 아주 얕게 잠든 상태라고 보면 된다. 아기의 손, 얼굴, 발이 떨릴 수도 있고, 깜짝 놀라는 것처럼 보일 수도 있다. 모두 아기의 수면 모드가 잘 작동하고 있다는 신호다.

논렘수면

이 수면 패턴에는 세 가지 주기가 포함된다.

- 얕은 잠: 안구 운동이 없고, 아기의 팔다리를 들어 올렸을 때 '가벼운' 느낌이 든다.
- 깊은 잠: 호흡이 깊고 느리며, 아기의 몸과 팔다리가 '무거운' 느낌이 든다. 아기는 매우 편안한 상태다.
- 아주 깊은 잠: 아기의 몸과 팔다리가 '아주 무거운' 느낌이 든다. 깨우려고 해도 반응하지 않는다.

응용하기: 수면 리듬 테스트

아기를 흔들어서 재운 다음, 깨지 않고 계속 잘 수 있는지 확인하려면 다음과 같이 해 본다.

1 엄지와 검지로 아기의 한쪽 팔을 잡는다.

2 아기의 팔을 5cm 정도 살살 들어 올린다.

3 손을 놓는다.

아기의 팔이 몸 옆으로 내려오고 아기가 뒤척이지 않으면 깊은 잠 또는 아주 깊은 잠에 빠져든 것이기 때문에 아무 문제없이 계속 잘 수 있다. 아기가 움직이면 렘수면이거나 얕게 잠든 상태이다. 이때 아기를 움직여 주면 잠에서 깬다.

아기 수면 표 활용

수면 표를 활용하면 아기의 수면 일정을 파악하고 변경하고 재조정할 수 있다. 다음 페이지의 견본용 표는 아기의 일반적인 일주일 수면 패턴이다. 부록에 실린 빈 표(부록 p.14)를 복사해 처음 몇 달 동안 아기의 수면 습관을 파악하는 데 사용하면 좋다.

1 아기가 잠들면 잠든 시간을 표시한다. 부모도 이 시간에 함께 자는 것이 좋다.

2 아기가 깨면 잠에서 깬 시간을 표시한다.

3 두 선 사이의 공간을 연필이나 펜으로 채운다.

수면 표는 부모가 아기의 일주일 수면 습관을 파악할 수 있게 해 준다. 표를 여러 개 만들어 아기의 수면 습관을 몇 개월에 걸쳐 파악해 본다. 아기가 매일 같은 또는 비슷한 시간에 잠드는지 확인하고, 아기의 수면이 정해진 패턴을 벗어나면 환경에 변화가 있는지 살펴본다.

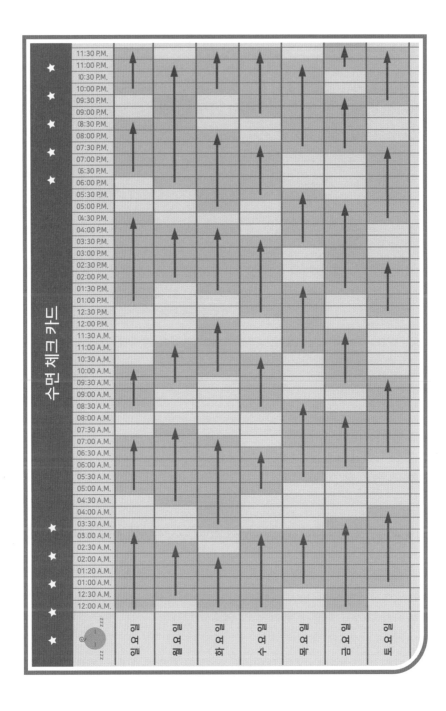

아기 재우기

아기는 태어날 때부터 잠들 준비가 되었음을 알리는 여러 가지 신호를 보낸다. 눈 비비기, 귀 잡아당기기 등이 여기에 해당된다. 아기가 이런 신호를 보내면 서둘러 재울 준비를 한다. 그렇지 않으면 과잉자극(p.129 참고)으로 인해 잠들 시간이 한없이 미뤄진다.

아기를 재우는 요령은 일반적으로 울리지 않거나 덜 울려서 재우기, 울려서 재우기 두 가지다.

엄마가 재워 주기

낮 동안 지속적으로 자극을 주고, 밤에는 활동을 덜 하는 것이 요령이다. 아기 스스로 잠들게 하는 것보다 수고가 많이 필요한 방법이다.

1 아기에게 온종일 자극을 준다. 아기 띠로 아기를 자주 안아 주고, 놀아 주고, 노래를 불러 주고, 아기와 함께 춤을 춘다.

2 잠드는 시간을 정해 놓고 스케줄에 따른다.

3 재우기 전에 아기를 안정시킨다. 먹을 것을 주거나, 목욕을 시키거나, 흔들어 주거나, 책을 읽어 준다.

4 다음의 요령을 통해 아기가 잠들 수 있는 상태를 만들어 준다.

- 젖을 먹여 재운다. 젖을 먹인 뒤에 재우면 아기는 젖을 먹는 것이 잠자기 전 단계라고 인식하기 시작한다.
- 아빠가 아기를 재운다. 엄마의 젖 냄새를 맡으면 아기는 잠보다 먹을 것을 기대할 수 있다.
- 아기를 안고 흔들어 재운다. 아기는 아기 침대에 혼자 있는 것보다 부모의

품에 안겼을 때 더 안전함을 느낀다.

5 다음의 방법을 통해 아기가 계속해서 밤에 자도록 한다.

- 아기가 잠에서 깬 것 같으면 곧장 아기에게 간다. 부모가 곁에 있으면 아기가 편안함을 느껴 다시 잠이 든다.
- 아기를 포대기로 싼다(p.52 참고). 안정감이 높아져 아기가 다시 잠든다.
- 아기를 전동 흔들침대에 눕힌다. 규칙적인 움직임이 아기를 다시 잠들 수 있게 도와준다.
- 아기의 잠자는 자세를 바꾸어 준다. 아기가 자세를 불편해 했을 수도 있다. 새로운 자세가 아기를 다시 잠들 수 있게 해 주기도 한다.
- 아기가 잠들 때까지 한쪽 손을 아기에게 올려놓아 따뜻함과 편안함을 느끼게 해 준다.
- 젖을 먹여 다시 재운다. 모유와 수유 행위가 아기를 편안하게 해 주어 잠들 준비가 되게 한다.

아기 스스로 잠들게 하기A

밤에 부모와 아기의 상호 작용이 조금 더 많이 이루어지는 방법이다. 아기가 생후 4~5개월 정도 되었을 때 시작한다. 기저귀는 깨끗한지, 배가 고프진 않은지, 건강에 문제가 없는지를 확인한다.

1 잠자리에 들 시간이 됐을 때마다 아기를 안정시켜 이제 곧 잘 시간임을 알려 준다. 목욕을 시키거나, 이야기를 들려주거나, 노래를 불러 준다.

2 아기를 아기 방으로 데려가 아기 침대에 잘 눕힌다.

3 이불을 잘 덮어 주고 "잘 자렴."이라고 말해 준다.

4 야간 등을 켜고 큰 전등들은 끈다.

5 아기 방에서 나와 문을 닫는다. 아기가 울면 1~5분 동안 방에 들어가지 않고 기다린다. 그 시간이면 대개 아기가 진정된다. 울음을 그치지 않으면 다음 단계로 넘어간다.

6 아기 방에 다시 들어간다. 아기를 안아 올리지는 말아야 한다. 젖도 물리지 않는다. 말로 아기를 달래 둔다. 1분 지나면 방에서 나온다.

7 5, 6단계를 되풀이하되, 방에 들어가지 않고 기다리는 시간을 매번 1~5분씩 늘린다. 아기는 결국 안정을 찾고 잠들게 된다.

8 다음 날에는 추가로 1~5분 동안 아기 방에 들어가지 않고 기다린다. 그 다음 날 밤에는 5~10분 동안 기다린다. 처음 기다렸던 5분에서 5분씩 추가로 늘려 나간다. 아기는 3~7일 이내에 혼자 자는 법을 익히게 된다.

아기 스스로 잠들게 하기B

엄마 아빠와의 교류를 좀 더 가능하게 하는 방법으로, 생후 4~5개월 이후의 아기에게 사용한다. 기저귀는 깨끗한지, 배가 고프진 않은지, 건강에 문제가 없는지를 확인한다.

1 잠자리에 들 시간이 됐을 때마다 아기를 안정시켜 이제 곧 잘 시간임을 알려 준다. 목욕을 시키거나, 이야기를 들려주거나, 노래를 불러 주거나, 아기를 흔들어 준다.

2 아기를 아기 방으로 데려가 아기 침대에 잘 눕힌다.

3 이불을 잘 덮어 주고 "잘 자렴."이라고 말해 준다.

4 야간 등을 켜고 큰 전등들은 끈다.

5 아기 방을 나와 문을 닫는다. 베이비 모니터가 있으면 켜 두어 아기의 소리를 들을 수 있게 하고, 아침까지 방에 다시 들어가지 않는다. 아기가 오랫동안 울음을 그치지 않을 수도 있지만, 제대로 된 잠자리에 두었다면 아기는 안전하다. 결국 잠이 들 것이고, 며칠 밤이 지나면 아기는 울어도 엄마나 아빠가 오지 않는다는 것을 알게 된다.

낮 수면 습관을 밤 수면으로 바꾸기

아기는 낮과 밤을 구별하는 체내 기능이 없기 때문에 저녁보다 낮에 더 많이 자기도 한다. 하지만 인내심을 갖고 다음의 지침을 따르면 아기의 낮 수면 습관을 밤 수면으로 바꿀 수 있다.

1 낮과 밤의 분위기를 확실하게 구분해 준다. 낮에는 커튼을 열고, 불을 켜고, 음악과 움직임을 통해 활동적인 분위기를 만든다. 밤에는 커튼을 닫고, 조명을 낮추거나 끄고, 집 안을 조용하고 차분하게 만든다. 그러면 아기는 낮에 깨어 있는 것을 더 좋아하게 되고, 체내 기능도 자동으로 여기에 적응할 것이다.

2 밤에 꼭 기저귀를 갈거나 옷을 갈아 입혀야 할 때는 빠르고 조용하게 하고, 되도록 아기에게 말을 걸지 않는다.

3 아기가 늦은 오후나 이른 저녁 시간에 오랫동안 자면 수면 일정을 바꾸어 준다. 아기를 깨워 젖을 먹이고 즐겁게 놀아 주면서 깨어 있게 한다. 아기의 긴 수면 시간이 밤으로 자연스럽게 옮겨 갈 것이다.

아기 방 외의 장소에서 재우기

다음 지시에 따라 아기가 유모차나 자동차에 있을 때도 재워 준다.

유모차

1 따뜻하게 해 준다. 아기 옷을 날씨에 맞게 입히고, 바깥이 추우면 포대기를 덮어 준다.

2 아기의 주위를 어둡게 한다. 유모차에 햇빛 가리개가 있으면 가려 주고, 유모차 앞에 포대기를 걸친다. 아기가 울면 포대기를 한쪽으로 젖혀 준다.

3 유모차를 조용한 곳으로 끌고 다닌다.

4 아기가 계속 자는지 주기적으로 확인한다.

5 산책을 계속하거나 집으로 돌아온다. 집에 돌아오면 유모차를 집 안으로 들여놓고 아기가 그 안에서 계속 자게 한다.

자동차

1 카시트 벨트를 탄탄하게 채워 준다.

2 햇빛 가리개를 내리거나 차창에 수건을 걸어 햇빛을 가려 준다. 햇빛 가리개는 자동차 용품 매장이나 아기 용품 매장에서 구입해 흡착기로 창문에 붙인다.

 주의

수건이나 햇빛 가리개가 운전자의 시야를 가리지 않도록 한다.

3 드라이브 코스를 신경 써서 고른다. 되도록 아기의 눈에 직사광선이 비치지 않는 방향을 택한다.

4 조용한 음악을 튼다.

5 아기를 관찰한다. 매끄러운 도로에서 안정되는 아기들도 있고, 울퉁불퉁한 지형을 더 좋아하는 아기도 있다. 아기에게 맞춰 도로를 택한다.

한밤중에 깰 때

아기가 한밤중에 깨는 이유는 수없이 많다. 아기들은 태어날 때부터 문제에 따라 우는 소리를 다르게 내도록 되어 있으므로, 부모는 아기의 울음소리를 해석할 수 있어야 한다(p.50 참고).

아기는 흔히 배가 고프거나 기저귀가 젖었거나 하루의 사이클이 바뀌었거나 할 때 한밤중에 깨기 쉽다. 한밤중에 깨지 않게 하려면 먼저 이러한 원인들을 없앤다. 여전히 아기가 깨는 이유를 알기 어렵다면 다음의 가능성을 생각해 본다.

급격한 성장

대부분의 아기들은 생후 10일, 3주, 6주, 3개월, 6개월에 급격한 성장(갑자기 몸집이 커지는 현상)을 경험한다. 이 시기에는 밤에도 가만히 있지 못하고, 특히 식욕이 밤에 더 왕성해진다. 급격한 성장은 72시간까지도 지속되는데, 이에 따른 증상은 아기의 성장에 필수적이다. 부모가 이를 바꾸기 위해 할 수 있는 일은 거의 없다. 아기에게 필요한 만큼 먹이고 다시 재우는 수밖에 없다.

새로운 기술 습득

일어나 앉기, 기기, 걷기 등 새로운 기술을 습득한 뒤에도 한밤중에 깬다. 밤에도 몇 번씩 일어나 새로운 능력을 시험해 보고 싶어 한다.

건강 문제

질병 증상(열, 막힘 증세, 기침)은 아기의 수면 리듬을 방해할 수 있다. 또 이가 나는 것과 같은 건강한 성장 현상도 아기의 수면을 방해할 수 있다. 이것 역시 부모가 조절해 줄 수 없다. 부모는 최선을 다해 아기를 편안하게 해 주고, 문제를 해결해 준다. 아기를 재우기 위해 항히스타민제를 먹일 때는 의사와 상의해 하룻밤 적정 복용량을 정한다.

이행 대상

아기가 스스로 안정을 찾고 잠들 수 있도록 도와주는 물건이 있다. 이행 대상이라 불리는 이것들은 아기가 스트레스를 받을 때 엄마를 대신해서 안정감을 줄 수 있다. 보통 담요나 작은 동물 봉제인형이 사용되고, 많은 사람들이 이름을 붙이기도 한다.

 주의
어린 아기에게는 이행 대상이 질식을 일으킬 수 있으므로, 아기가 몸을 마음대로 뒤집을 수 있게 되면 사용하는 것이 좋다.

1 낮 동안 아기에게 이행 대상 몇 가지를 준다.

2 밤에는 이행 대상을 아기 침대에 모두 넣어 준다. 아기는 보통 더 마음에 드는 물건 한두 개를 골라 가까이에 두고 잔다. 침대에서 들어 올려도 그 물건을 꼭 쥐고 놓지 않는다.

3 아기가 어떤 이행 대상을 좋아하는지 알았으면 잠자리에 들 준비를 하는 동안 아기에게 그 물건을 준다. 아기가 이행 대상과 잠들 시간을 연관 짓기 시작할 것이다. 이행 대상은 아기에게 혼자 있을 준비를 할 시간이라는 신호를 준다.

 전문가 한마디
아기를 진정시키기 위해 고무젖꼭지를 사용하는 경우, 아기 침대 여기저기에 젖꼭지 몇 개(최대 5개)를 흩뿌려 놓는 방법을 고려해 본다. 아기가 한밤중에 깼다가 고무젖꼭지를 보고 손을 뻗어서 잡은 다음 스스로 안정을 찾고 다시 잠들게 된다.

4 이행 대상을 아기와 함께 안고 수유해 이행 대상에 엄마 냄새가 배게 한다. 이행 대상에 모유를 약간 묻히는 방법도 있다.

5 아기가 이행 대상에 애착을 갖게 되면 예비용으로 한두 개를 더 준비하도록 한다.

6 아기가 낮 동안 이행 대상을 가지고 있게 한다. 이행 대상에 대한 애착이 깊어지고, 아기의 안정감도 커진다.

과잉자극 조절

아기가 피곤해서 자야 할 시간인데도 깨어 있다면 과잉자극 상태가 될 수 있다. 과도한 자극을 받은 아기는 잠들기가 어렵다. 다음 요령을 따라 아기를 재워 본다.

1 우선 과잉자극을 피한다. 아기가 피곤해 하는 기미가 있으면 바로 잠들도록 유도한다.

2 아기가 과도한 자극을 받았을 때는 아기를 즐겁게 해 주려고 애쓰지 않는다. 장난감, 방울 또는 자극을 줄 수 있는 다른 물건들을 아기에게 주지 않도록 한다.

3 요람 안기(p.44 참고) 자세로 아기를 안는다. 엄마의 어깨와 아기의 머리를 가벼운 포대기로 덮어 아기의 주위를 어둡게 한다.

4 움직임을 통해 아기를 차분하게 한다. 아기를 유모차에 태워 단지를 돌거나, 카시트에 태워 차로 동네를 한 바퀴 돈다(p.125 참고). 또는 아기를 안고 흔들의자에 15분 정도 앉아 있는다.

5 모두 도움이 안 될 때는 울게 내버려 둔다. 아기를 안전한 장소에 두고 몇 분 동안 기다린다. 울고 나면 과잉된 에너지가 발산되고, 아기는 저절로 잠들게 된다.

수면 장애

아기가 한밤중에 계속 깨는데 원인을 찾을 수 없다면 수면 장애일 가능성이 있다. 그러나 수면 장애는 드물게 나타나므로 진단과 대처 방법에 대해서는 의사와 상의한다.

수면 중 무호흡

이 생리적 상태는 수면 중 아기의 기도를 일시적으로 수축시킨다. 아기는 체내 시스템에 따라 저절로 깨서 다시 정상 호흡을 하게 되어 있다. 증상으로는 자는 동안 코를 골거나, 숨소리가 거칠거나, 기침을 하거나, 땀을 흘리고, 혼란스러워 하거나, 깜짝 놀라면서 깨는 것 등이 있다. 수면 부족 증상을 보이기도 한다.

전문가 한마디
아기가 자다가 호흡에 문제를 일으키면 손가락으로 아기의 발바닥을 문질러서 깨운다. 숨을 쉬게 하려고 아기를 흔들어서는 안 된다.

수면 부족

아기가 밤에 자주 깨면 수면 부족에 시달릴 수 있다. 증상으로는 짜증을 자주 내고 보채거나, 낮에 자동차나 유모차 안에서 지나치게 오래 자는 것 등이 있다. 아기가 수면 부족인 것 같으면 수면 리듬을 더 규칙적으로 만들어 준다. 나아지지 않으면 의사와 상의한다.

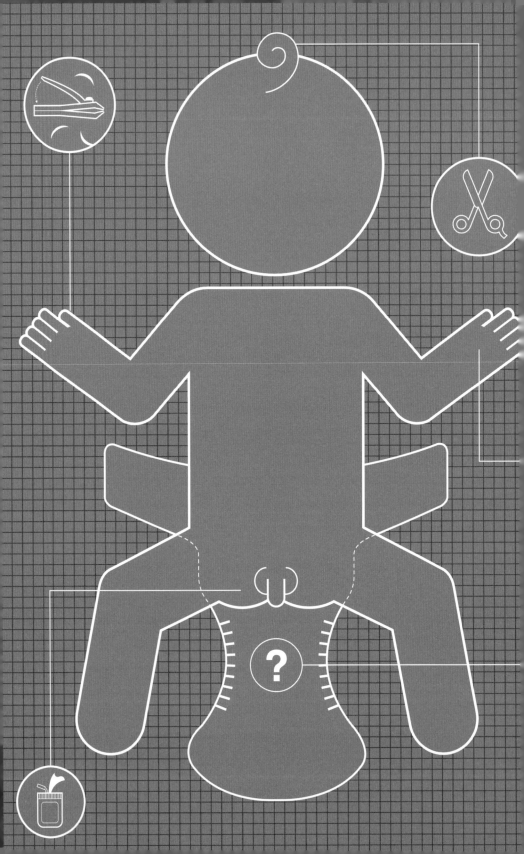

CHAPTER 5

아기 위생 관리

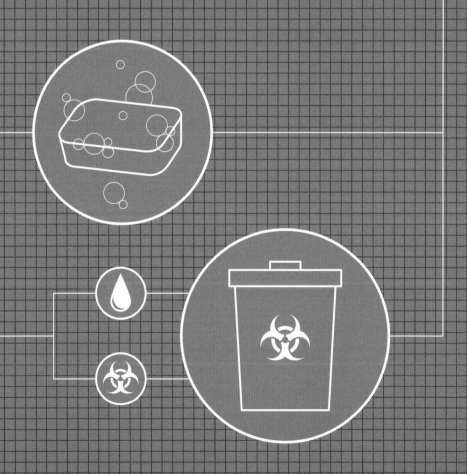

기저귀 채우기

생후 1년 동안은 하루에 수도 없이 기저귀를 갈아 주어야 한다. 많은 부모들이 이 과정에 싫증을 느끼지만, 불편함보다는 얻는 점이 훨씬 많다. 기저귀를 자주 갈아 주는 것은 아기의 짜증을 유발하고 아기 피부에 손상을 줄 수 있는 기저귀 발진을 예방하는 데 가장 효과적인 방법이다.

기저귀 교환대 설치와 꾸미기

기저귀를 채우기 전에 필요한 모든 물건들을 손이 닿는 곳에 두는 것이 중요하다. 집 안의 중심에 기저귀 교환대를 두고 필요한 물건들을 보관하면 편리하다.

기저귀 교환대

기저귀 교환대의 높이는 부모의 허리보다 몇 센티미터 높아야 한다. 구입할 수도 있고, 낮은 서랍장이나 책장, 일반 탁자에 고무 패드를 깔아 사용해도 된다. 두 방법 모두 괜찮지만 아래의 용품들을 보관할 공간이 있어야 한다.

기저귀

생후 1개월 동안 최소 300장의 기저귀를 사용하게 되므로, 여기에 맞춰 준비한다. 최소 12장의 기저귀를 예비용으로 넣어 두는 것이 좋다.

휴지통

뚜껑이 달린 중간 크기의 휴지통을 기저귀 교환대에서 닿을 수 있는 거리에 둔다. 대소변이 묻은 기저귀를 휴지통에 넣어 두었다가 세탁하거나 버린다. 비닐봉지를 휴지통과 함께 두고 자주 비우면 냄새를 최소한으로 줄일 수 있다.

전문가 한마디

천 기저귀는 다른 옷과 함께 세탁하면 안 된다. 온수에 담갔다가 세탁한 다음 여러 번 헹군다. 독한 화학물질이 들어 있는 세제 대신 아기 비누를 사용한다. 드라이어 시트(종이 방향제)에도 강한 화학물질이 포함됐을 수 있으므로 피하는 것이 좋다.

씻기기 용품

작은 통에 담은 따뜻한 물, 수건이나 면 손수건 6장 정도가 적절하다. 물티슈는 많은 부모님들이 선호하지만, 생후 1개월 동안은 사용하지 않는 것이 좋다. 대부분의 물티슈에는 알코올이 들어 있어 아기의 피부를 건조하게 한다. 생후 1개월이 지나고 아기에게 기저귀 발진이 없다면 물티슈를 사용해도 된다.

배리어 크림·로션·연고

아기의 피부를 치료하고 진정시키고 건강하게 하는 제품들이다. 필요에 따라 구입해 기저귀 교환대 가까이에 둔다. 베이비파우더로 피부를 말려 줄 수도 있지만, 대부분의 의사들은 습진이 생긴 부위를 말리기 위한 방법으로 베이비파우더를 사용하는 것을 더 이상 추천하지 않는다. 아기가 베이비파우더를 많이 들이마시면 호흡기에 문제가 생길 수 있기 때문이다. 베이비파우더를 사용할 경우에는 엄마 손에 묻혀서 부드럽게 문질러 준다.

여벌의 아기 옷

아기의 행동은 예측할 수 없어서 기저귀를 가는 중에 소변이나 대변을 볼 수도 있다. 소변이 물보라처럼 튀거나 대변을 폭발물처럼 투척할 수도 있다. 여벌의 옷을 가까이에 준비해 두고 미리 조심한다.

모빌 또는 장난감

기저귀를 가는 동안 아기를 즐겁게 하는 데 사용한다.

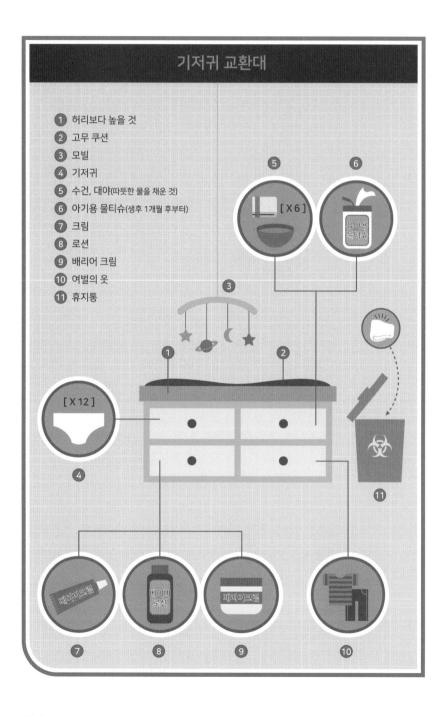

기저귀 교환대

1 허리보다 높을 것
2 고무 쿠션
3 모빌
4 기저귀
5 수건, 대야(따뜻한 물을 채운 것)
6 아기용 물티슈(생후 1개월 후부터)
7 크림
8 로션
9 배리어 크림
10 여벌의 옷
11 휴지통

기저귀 가방

아기와 함께 나설 때는 기저귀 가방을 항상 챙겨야 한다. 기저귀 가방에는 수건이나 휴대용 기저귀 패드, 기저귀, 기저귀 핀(천 기저귀를 사용할 경우), 면 손수건, 수건 또는 물티슈, 따뜻한 물을 담은 보온병, 배리어 크림, 여벌 옷, 작은 장난감 한두 개를 넣는다. 가방 속 물건들은 주기적으로 다시 채워 넣는다.

헤어드라이어(선택 사항)

헤어드라이어의 찬바람으로 아기 엉덩이를 빨리 말릴 수 있다.

천 기저귀 vs 일회용 기저귀

기저귀는 천 기저귀와 일회용 기저귀가 있다. 두 종류 모두 아기의 건강에는 영향을 거의 미치지 않는다. 각자의 필요와 환경에 맞게 선택하고, 아래의 이점도 고려해 본다.

천 기저귀

- 아기 피부에 닿았을 때 더 부드럽게 느껴진다.
- 일회용 기저귀보다 비용이 적게 든다.
- 쓰레기 발생을 줄일 수 있다.

일회용 기저귀

- 대소변을 더 잘 흡수한다.
- 천 기저귀보다 빨리 채울 수 있다.
- 물과 세제를 낭비하지 않아도 된다.
- 휴대가 쉽다.

기저귀 채우기

아기에게서 좋지 않은 냄새가 나거나 특별한 이유 없이 우는 것은 기저귀를 갈 때가 되었기 때문일 수 있다. 손가락을 넣어 보아 기저귀가 젖었는지 확인한다. 차츰 경험이 쌓이면 기저귀를 만져서 무거워진 느낌이 있는지만 확인해도 기저귀 상태를 알 수 있다. 기저귀를 갈 때는 대소변이 묻은 기저귀를 빼기 전에 필요한 모든 도구를 한 곳에 모아 둔다.

주의
아기가 기저귀 교환대 위에 있을 때는 아기에게서 눈을 떼지 않는다.

1 아기를 기저귀 교환대 위에 눕히고 기저귀를 푼다.

2 기저귀 앞쪽을 내려 상태를 확인한다(그림A). 기저귀가 젖기만 했으면 6단계로 넘어간다.

3 아기의 다리를 들어 올려 변이 묻지 않도록 한다. 아기의 두 발을 한 손으로 붙잡고 배 쪽으로 부드럽게 올린다.

4 대소변이 묻은 기저귀의 깨끗한 쪽으로 아기 피부에 묻은 변을 닦는다(그림B). 남아는 뒤에서 앞으로 닦고, 여아는 앞에서 뒤로 닦아 준다. 여아는 앞에서 뒤로 닦아야 질이 감염될 위험이 최소한으로 줄어든다.

전문가 한마디
기저귀를 갈아 주는 사람은 누구나 아기의 소변을 맞을 위험이 있다. 아기의 생식기 위에 수건을 올려놓으면 이런 위험이 최소한으로 줄어든다.

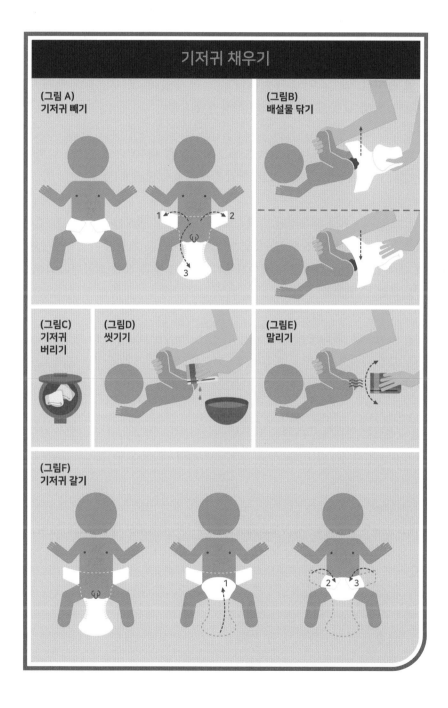

기저귀 채우기

(그림 A)
기저귀 빼기

(그림B)
배설물 닦기

(그림C)
기저귀
버리기

(그림D)
씻기기

(그림E)
말리기

(그림F)
기저귀 갈기

5 대소변이 묻은 기저귀를 뺀다(그림C).

6 면 손수건 또는 수건에 따뜻한 물을 묻혀 변을 본 곳 주변을 닦아 준다. 수건은 한 번 닦을 때마다 헹구어 사용한다(그림D).

7 부채질을 하거나 면 손수건으로 두드려서 말려 준다(그림E). 헤어드라이어의 찬바람으로 말리면 빠르지만, 아기가 소리에 놀랄 수도 있다.

8 일회용 기저귀를 채우려면 먼저 기저귀를 완전히 펼쳐 놓고 아기를 그 위에 눕힌다. 기저귀 탭이 아기 뒤로 가게 하고, 아기를 기저귀 가운데에 눕힌다. 기저귀 앞쪽을 잡아당겨 생식기를 덮어 주고 양쪽 탭을 고정한다(그림F). 10단계로 넘어간다.

9 천 기저귀를 채우려면 먼저 기저귀를 삼각형으로 접는다. 아기를 기저귀 가운데에 눕히고, 기저귀 밑 부분을 접어 올린다. 기저귀 한쪽을 접어 고정하고, 나머지 한쪽도 접는다. 안전핀으로 고정한다.

10 기저귀는 아기의 허리에 탄탄하게 채우되 너무 꼭 조이지는 않도록 한다. 기저귀와 아기 배 사이에 손가락 한두 개가 들어갈 수 있을 정도로 채운다.

 주의
탯줄이 아직 떨어지지 않았을 때는 기저귀를 2.5~5cm 정도 내려 접어서 채운다. 기저귀가 탯줄을 덮지 않게 한다.

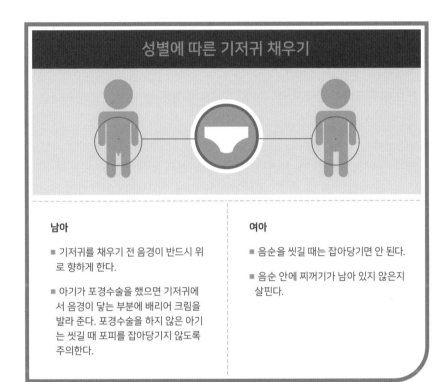

성별에 따른 기저귀 채우기

남아

- 기저귀를 채우기 전 음경이 반드시 위로 향하게 한다.

- 아기가 포경수술을 했으면 기저귀에서 음경이 닿는 부분에 배리어 크림을 발라 준다. 포경수술을 하지 않은 아기는 씻길 때 포피를 잡아당기지 않도록 주의한다.

여아

- 음순을 씻길 때는 잡아당기면 안 된다.

- 음순 안에 찌꺼기가 남아 있지 않은지 살핀다.

기저귀 발진 치료하기

기저귀 발진은 엉덩이, 생식기, 아랫배, 허벅지 등 기저귀가 닿는 부위라면 어디든지 생길 수 있는 염증이다. 가장 흔한 형태는 접촉성 기저귀 발진으로, 피부가 빨개지고 작은 두드러기가 나기도 한다. 접촉성 기저귀 발진은 보통 젖은 기저귀를 오래 차고 있으면 생긴다. 수분으로 인해 피부가 마찰에 약해지기 때문이다.

접촉성 기저귀 발진을 치료하는 가장 좋은 방법은 사전 예방이다. 특히 아기가 깨어 있는 시간 동안 젖은 기저귀를 자주 갈아 주고, 배변 후에는 즉시 갈아 준다. 가능하면 아기 피부가 배설물에 닿지 않도록 한다. 다음 방법에 따라 치료하면 3~5일 이내에 발진이 사라질 것이다. 발진이 없어지지 않으면 의사에게 문의한다.

1 새 기저귀를 채우기 전에 수건에 따뜻한 물을 묻혀 아기의 생식기와 엉덩이를 닦아 준다. 물티슈의 알코올과 로션 성분이 발진을 악화시킬 수 있다.

2 부드럽게 쓰다듬듯이 닦아 준다. 지나치게 세게 문지르면 발진이 악화될 수 있다.

3 공기 중에서 마르도록 두거나 헤어드라이어의 찬바람으로 빠르게 말린다. 두드려서 말리면 안 된다. 아직 물기가 남아 있으면 새 기저귀를 채우지 않는다.

4 발진이 없어지지 않으면 발진이 난 부분에 순한 연고를 발라 준다. 연고 위에 배리어 크림을 발라 두면 수분이 빠져 나가지 않고 연고가 기저귀에 닦이는 것을 막을 수 있다.

5 염증이 있는 부분에 물집이 생겼다면 세균성 발진을 의심해 봐야 한다. 의사와 상의한다.

6 염증이 있는 부분 주변에 빨간 반점이 생겼다면 질염일 가능성이 있다. 의사와 상의한다.

아기의 배변 기능 파악하기

부모들은 아기의 배변 기능에 관심이 많다. 아기의 배변 기능을 표로 만들면 좋다. 특히 아기가 설사나 변비 증상을 보일 때 의사에게 유익한 정보가 될 수 있다.

방광 기능

아기들마다 다르기는 하지만 거의 모든 아기가 하루에 4~15차례 소변을 본다. 아기가 하루에 4번 이하로 소변을 본다면 몸이 아프거나 탈수 상태일 가능성이 있으므로 의사와 상의하도록 한다.

표를 이용해 아기가 소변을 볼 때마다 체크해 보면 아기의 방광 기능을 파악하기 쉽다. 소변이 금방 말라서 같은 기저귀에 2~3번 소변을 보더라도 소변을 한 번 볼 때마다 해당 칸에 작대기를 하나씩 표시한다.

다음 페이지에 실린 견본용 표는 일주일간의 방광 기능 패턴을 기록한 것이다. 부록에 실린 빈 표(부록 p.8)를 복사해 아기의 방광 기능을 표시한다.

전문가 한마디

일회용 기저귀는 흡수력이 매우 뛰어나 젖었는지 알기 어려운 경우가 많다. 작게 자른 면 거즈를 기저귀 안에 넣어 두면 기저귀가 실제로 젖었는지 확인할 때 도움이 된다.

장 기능

아기의 장 기능은 배변 빈도, 변의 색깔, 변의 농도 세 가지로 알 수 있다. 건강한 아기는 아래의 예시와는 조금 다른 양상을 보이기도 한다.

빈도

아기는 많으면 하루에 8번, 적으면 3일에 한 번 대변을 본다. 모유에는 배변을 쉽게 하는 효과가 있어, 모유 수유를 하는 아기는 분유 수유를 하는 아

방광 기능

아기 이름		

요일	날짜	소변 본 횟수
일요일	12/21	ЖΙ II
월요일	12/22	ЖΙ II
화요일	12/23	ЖΙ IIII
수요일	12/24	ЖΙ III
목요일	12/25	ЖΙ IIII
금요일	12/26	ЖΙ III
토요일	12/27	ЖΙ II

장 기능

아기 이름	

날짜	시간	색깔	농도	배변	
12/21	오전 10:15	황색	묽음	⊗ 원활	○ 변비
12/21	오후 1:30	녹색	묽음	⊗ 원활	○ 변비
12/21	오후 3:00	황갈색	진함	○ 원활	⊗ 변비
12/21	오후 6:00	황색	묽음	⊗ 원활	○ 변비
12/21	오후 8:00	황갈색	진함	○ 원활	⊗ 변비
12/22	오전 11:00	황색	묽음	⊗ 원활	○ 변비
12/22	오전 2:00	녹색	진함	○ 원활	⊗ 변비
				○ 원활	○ 변비
				○ 원활	○ 변비
				○ 원활	○ 변비
				○ 원활	○ 변비
				○ 원활	○ 변비
				○ 원활	○ 변비
				○ 원활	○ 변비

기보다 대변을 자주 본다.

색깔

첫 일주일 동안 아기는 양수가 소화되어 나오는 태변을 본다. 이 흑녹색 물질은 아기의 장 속에 들어 있던 것으로, 태변이 배출되어야 정상적인 소화가 가능하다. 첫 주가 지나면 아기의 대변은 점점 더 진한 녹색이 되다가 진한 노란색(모유를 먹는 아기)이나 황갈색(분유를 먹는 아기)으로 변한다. 아기가 이유식을 먹기 시작하면 음식에 따라 대변의 색이 달라진다.

농도

태변은 농도가 진하고 끈적인다. 모유를 먹는 아기의 태변은 약간 묽고 씨앗 같은 덩어리가 섞여 있다. 분유를 먹는 아기의 태변은 조금 더 진하고, 부드러운 버터의 농도와 비슷하다.

앞 페이지의 견본용 표는 일주일간의 일반적인 장 기능 패턴을 보여 준다. 부록의 빈 표(부록 p.10)를 복사해 아기의 장 기능을 표시한다.

아기 씻기기

아기의 원활한 신체 기능을 위해 2~3일에 한 번씩 목욕을 시키는 것이 좋다. 아직 탯줄이 떨어지지 않은 아기는 스펀지로 씻긴다. 탯줄이 떨어지면 목욕 대야에서 씻길 수 있다. 아기가 어느 정도 자라면 욕조에서 씻긴다. 아기를 씻기기 전에 다음의 물건들을 준비해 근처에 둔다(그림A).

- 마른 수건
- 깨끗한 옷
- 새 기저귀
- 가제수건 또는 목욕 스펀지

- 작은 컵 또는 그릇
- 머리빗(선택 사항)
- 샴푸(선택 사항)

전문가 한마디
아기를 편안하게 해 주기 위해 목욕시키는 동안 실내 온도를 23도 정도로 높이면 좋다.

스펀지로 씻기기(그림B)

1 대야 두 개에 각각 미지근한 물을 준비한다. 하나에는 비누를 풀고, 다른 하나에는 풀지 않는다. 아기용 비누를 사용한다.

2 수건을 평평하게 깔고 그 위에 아기를 눕히거나 엄마 무릎 위에 눕힌다.

3 아기의 옷을 벗긴다. 옷을 벗겨도 아기가 떼쓰지 않으면 옷을 모두 벗기고 하반신만 마른 수건으로 싸 준다. 아기가 싫어하면 한 부위씩 차례로 꺼내 씻긴다.

4 가제수건이나 스펀지를 비눗물에 담갔다가 아기 몸을 문지른다. 한 번에 한 부위씩 씻긴다.

(그림 A)
용품 준비

1. 마른 수건
2. 깨끗한 옷
3. 새 기저귀
4. 수건 또는 스펀지
5. 작은 컵이나 그릇
6. 머리빗(선택 사항)
7. 샴푸(선택 사항)

(그림 B)
스펀지로 씻기기

23℃ 74℉

미지근한 물

비누를 푼 미지근한 물

(그림 C)
목욕 대야에서 씻기기

29-35℃ 85-95℉

미지근한 물

아기 머리 받치기
따뜻하게 적신 수건

5~7cm

스펀지로 또는 목욕 대야에서 씻기기 : 2~3일마다 씻기는 것이 가장 좋다.

5 비누를 풀지 않은 물에 수건을 담갔다가 짧고 부드럽게 아기를 씻긴다.

6 얼굴을 씻긴다. 비누를 풀지 않은 물에 수건을 담갔다가 아기의 얼굴을 문지른다. 얼굴 가운데에서 시작해 바깥쪽으로 짧고 부드럽게 문지르고, 귀 뒤쪽과 목 밑의 접힌 부분도 닦아 준다.

 주의
- 탯줄은 씻기지 않는다.
- 포경수술을 한 부위가 아물 때까지 물이 닿지 않게 한다.
- 질 안쪽은 씻기지 않는다.

7 머리를 감긴다(p.153 참고).

8 깨끗해진 아기를 수건으로 감싼 뒤 톡톡 두드려서 물기를 닦는다.

9 아직 탯줄이 떨어지지 않았다면 배꼽이 물에 닿게 하거나 물로 닦아 주면 안 된다. 이때는 소독용 알코올로 탯줄 주변을 닦아 준다. 감염의 위험이 줄 어든다(p.220 참고).

10 기저귀를 새로 채우고(p.138 참고) 옷을 입힌다(p.158 참고).

목욕 대야에서 씻기기(그림 C)

1 작은 욕조나 목욕 대야를 준비한다. 싱크대를 이용할 수도 있다. 패드나 수건을 함께 준비한다.

 주의
아기가 목욕 대야 안에 있을 때는 주의를 소홀히 하면 안 된다. 아기는 2.5~5cm 높이의 얕은 물에서도 익사할 수 있다.

2 목욕 대야에 따뜻한 물을 5~7cm 정도 채우고, 온도계로 물의 온도를 잰다. 수온은 29~35℃가 되게 한다. 온도계가 없으면 팔꿈치를 물에 담가 적당한지 확인한다. 물이 너무 뜨겁게 느껴지면 아기에게도 뜨겁다고 보면 된다. 필요에 따라 온도를 조절하고 다시 확인한다.

3 아기의 옷을 벗긴다.

4 아기를 대야에 눕힌다. 아기의 머리, 목, 어깨가 물 위로 나오도록 한 손으로 받친다.

 전문가 한마디
다른 수건 하나를 물에 적셔 아기의 가슴 위에 올려놓고 목욕하는 동안 그 위에 물을 부어 준다. 다른 부분을 씻기는 동안에도 아기의 몸이 계속 따뜻하게 유지된다.

5 아기를 씻긴다. 아기 비누를 수건에 문질러 아기 몸을 닦아 준다. 한 손으로 아기를 씻기는 동안 다른 한 손으로는 아기의 머리와 목, 어깨를 계속해서 받쳐 준다.

6 머리를 감긴다(p.153 참고).

7 비누를 씻어 낸다. 수도꼭지를 틀어 작은 컵에 미지근한 물을 채운 다음 비눗기가 남아 있지 않도록 씻어 낸다.

 주의
급탕기가 제대로 작동하지 않으면 수도꼭지에서 갑자기 뜨거운 물이 나올 수 있다. 목욕 대야에 물을 채우기 전에 아기를 먼저 집어넣는 것은 금물이다. 아기를 대야에 넣기 전에 수온을 반드시 확인한다.

욕조에서 씻기기

6개월이 되면 대부분의 아기는 목욕 대야보다 몸집이 커져 성인용 일반 욕조에서 씻길 수 있게 된다. 아기의 움직임이 활발해져 목욕 방법에도 약간의 변화가 필요하다. 이 기간 동안에도 계속해서 일주일에 2~3번씩 목욕을 시켜야 한다.

주의
아기가 욕조에 있을 때는 주의를 소홀히 해서는 안 된다. 아기는 2.5~5cm 높이의 얕은 물에서도 익사할 수 있다.

1 미끄럼 방지를 위해 목욕용 고무 매트를 욕조에 깐다(그림 A).

2 작은 수건이나 시판하는 전용 커버로 수도꼭지나 손잡이를 감싼다. 아기가 물을 틀거나 실수로 머리를 부딪치는 것을 막을 수 있다(그림 C).

3 욕조에 따뜻한 물을 채운다.

4 물 높이를 확인한다. 엄마가 아기와 함께 욕조에 들어가든지, 욕조 옆에 무릎을 꿇고 앉든지 물 높이는 5~7cm로 아기의 허리보다 낮아야 한다(그림 B).

5 뜨거운 물을 먼저 끄고, 수도꼭지가 확실히 잠겼는지 확인한다. 수도꼭지에서 물이 떨어지거나 수도꼭지가 새서 화상을 입을 수 있다.

6 수온을 확인한다. 온도는 29~35℃ 정도여야 한다. 온도계로 온도를 재거나 팔꿈치를 물에 담가 물 온도가 적당한지 확인한다.

전문가 한마디
화상을 입지 않도록 급탕기의 온도 조절 장치를 섭씨 44℃ 이하로 설정해 놓는다.

(그림 A)
목욕 매트 깔기

(그림 B)
적절한 물높이

29-
35 ℃
85-
95 ℉

(5-7cm)

(그림 C)
안전 조치

손잡이와 수도꼭지를
수건이나
전용 커버로 감싸기

(그림 D)
올바른 방법

(그림 E)
목욕 시간을 재미있게
여기도록 해 주기

목욕 방법 : 안전하게, 재미있게, 깨끗하게

7 필요할 경우 물의 온도를 조절한다.

8 무릎을 꿇은 상태로 부드럽게 아기를 물속에 앉힌다(그림 D).

 전문가 한마디

아기가 목욕을 싫어하는 것 같으면 엄마가 욕조에 함께 들어가도 좋다. 혼자일 경우 아기를 욕조 옆 매트에 눕히고 엄마가 먼저 들어가서 아기를 안아 올린다. 나올 때는 반대 순서로 한다. 도와줄 사람이 있으면 엄마가 먼저 욕조에 들어가서 상대방에게서 아기를 건네받는다. 욕조에서 나올 때는 상대방에게 아기를 넘겨준 뒤에 나온다. 아기를 안은 채로 욕조에 들어가거나 나오다가는 아기를 떨어뜨려 다치거나 몸에 이상이 생길 수 있으므로 하지 않도록 한다.

9 아기를 씻기기 전에 욕조에서 노는 시간을 갖는다. 처음에는 아기가 욕조에 들어가는 것을 주저할 수 있다. 아기에게 물을 끼얹거나 물에 띄우는 장난감 등으로 놀이를 하면서 목욕 시간을 재미있게 만들어 준다(그림 E).

10 아기를 씻긴다(p.147 참고).

 주의

아기, 특히 여자아기는 비누나 샴푸 물에 오랫동안 앉아 있으면 요로 감염의 위험이 있다. 목욕이 끝날 때 항상 씻겨 준다.

머리 감기기

머리카락 없이 태어난 아기도 3~5일마다 머리를 씻겨 주는 것이 중요하다. 유아 지방관(p.213 참고)의 위험이 최소한으로 줄어든다. 아기 전용 샴푸를 사용한다.

1 깨끗하고 따뜻한 물로 아기의 머리카락이나 머리를 적신다.

2 적은 양(지우개 크기 정도)의 샴푸를 연약한 아기의 두피에 묻힌다. 손이 숫구멍을 지날 때는 특히 더 조심한다(p.17 참고).

3 아기의 머리를 뒤로 젖히고 헹군다. 깨끗하고 미지근한 물을 작은 컵에 담아 머리 위에 붓는다. 샴푸가 아기의 눈과 귀에 들어가지 않도록 조심한다.

4 수건으로 두드려서 물기를 닦는다.

귀·코·손톱·발톱 관리하기

아기들은 대부분 목욕을 하고 나서 물기를 말리고 옷을 다 입고난 뒤에는 다시 씻는 것을 싫어한다. 그렇기 때문에 많은 부모들이 이 과정을 나중으로 미룬다.

귀

감염이 될 수 있으므로 아기의 귀에 물이 들어가지 않도록 해야 한다. 귀를 깨끗하게 해 주려면 아기용 면봉으로 지나치게 많은 귀지나 귀 밖에 나와 있는 먼지를 닦는다.

주의
보이지 않는 부분은 청소하지 않아도 된다. 면봉이나 다른 물건을 귓구멍이나 코 안에 넣는 것은 아기를 다치게 할 수 있다.

코

아기용 면봉에 물을 약간 묻혀 부드럽게 한 다음 아기의 콧구멍을 청소해 준다.

손톱·발톱

아기용으로 나온 전용 가위를 사용하면 좀 더 쉽게 손질할 수 있다. 엄마

자신의 손톱을 깎듯이 잘라 준다. 발톱은 일자로 자른다. 아기가 싫어하면 손톱을 자르는 대신 줄로 다듬어 주는 방법도 있다.

 전문가 한마디
아기가 손발톱 자르는 것을 싫어하면 잠들었을 때 잘라 준다. 다칠 위험이 최소한 으로 줄어든다.

이 닦기

대부분 4~12개월 사이에 아기의 잇몸에서 이가 나기 시작한다. 아기는 스스로 이를 닦는 능력이 없기 때문에 아기의 치아 관리는 부모의 책임이다. 처음에는 부드러운 헝겊만 있으면 아기의 이를 닦아 줄 수 있지만, 생후 10~12개월이 되면 치아가 자라서 커지고 숫자가 많아져 칫솔을 사용하게 된다. 머리가 작고 칫솔모가 부드러운 아기용 칫솔을 사용한다. 이를 닦아 주기 전에 아기가 칫솔을 가지고 놀게 하면 아기가 칫솔에 익숙해져서 이 닦기를 싫어하지 않게 된다.

헝겊으로 닦기
다음의 이 닦기 과정을 따라 하루에 두 번씩 모든 치아를 닦아 준다.

1 깨끗하고 부드러운 거즈를 따뜻한 물에 적신다.

2 엄지와 검지로 헝겊을 2.5cm 정도 잡는다.

3 헝겊으로 아기 치아를 부드럽게 감싼다. 헝겊으로 잇몸 선까지 감싸 부드럽게 잡는다.

4 헝겊을 움직이면서 이를 닦는다.

5 모든 치아를 두 번씩 반복해서 닦는다.

칫솔로 닦기

헝겊에서 칫솔로 바꾸기 전에 시기가 적절한지 의사에게 문의한다.

1 칫솔모에 따뜻한 물을 묻힌다.

2 불소가 함유된 어린이용 치약을 콩알 반 개 크기만큼 칫솔에 짠다. 생후 3년 이하의 아기는 아기용으로 나온 치약을 사용한다.

3 아기의 얼굴이 엄마 쪽을 향하도록 무릎에 앉히거나, 아기가 거울을 보도록 뒤에서 안는다.

4 칫솔을 입안에 넣고 칫솔모를 이에 닿게 하여 가볍게 원을 그리듯이 문질러 준다. 너무 세게 문지르면 아기의 잇몸이 다칠 수 있다.

5 아기에게 물을 조금 주어 입을 헹구게 한다.

 주의
자기 전에 항상 이를 닦아 준다. 모유나 분유 찌꺼기가 이에 남아 있으면 충치가 생길 수 있다.

머리 자르기

돌 전에 아기의 머리를 잘라 줄 경우 머리카락이 금방 자라지 않을 수도 있다. 아기에게 이상이 있는 것이 아니므로 걱정하지 않아도 된다. 머리카락은 아기가 자라면서 주기적으로 다시 자란다.

1 수건, 분무기, 아기용 안전 가위, 장난감(또는 아기의 관심을 돌릴 수 있는 것) 등

필요한 용품을 준비한다. 도와줄 사람도 필요하다.

2 아기의 얼굴이 엄마 쪽을 향하도록 도와주는 사람의 무릎 위에 앉힌다. 수건으로 아기의 목 아래를 덮어 준다(그림 B).

3 손으로 아기의 눈을 가리고 분무기로 엷은 안개처럼 물을 뿌려 머리카락을 적신다.

4 아기의 주의를 가위에서 다른 곳으로 돌린다. 그렇지 않으면 아기가 가위를 잡으려고 해서 머리 자르기가 힘들고 위험하다. 도와주는 사람이 거울, 풍선, 인형 또는 다른 놀이 도구로 아기의 관심을 끌도록 한다. 텔레비전을 켜 주면 아기가 거기에 정신을 뺏겨 가만히 앉아 있을 가능성이 높다.

5 머리카락을 적당히 검지와 중지 사이에 끼우고 가위로 자른다.

 전문가 한마디
아기가 싫어하면 머리를 끝까지 자르지 못할 수도 있으므로 가장 길고 문제가 되는 머리카락부터 잘라 준다.

(그림 A) 용품 준비
1 수건
2 분무기
3 아기용 안전 가위
4 장난감

(그림 B) 올바른 방법

옷 입히기

옷은 직사광선, 습기, 긁힘, 먼지, 그 밖의 흔한 위험으로부터 아기를 보호해 준다. 더 중요한 것은 옷이 아기의 체온 조절을 도와준다는 것이다.

옷을 너무 덥게 입히면 유아 돌연사증후군(p.222 참고)을 유발할 수 있으므로 주의한다. 집 안 온도는 섭씨 20℃ 정도로 유지하는 것이 좋다. 아기는 엄마가 편하다고 느껴지는 것보다 한 겹 더 입히는 것이 적당하다. 예를 들어 엄마가 속옷 차림이 편하다면, 아기에게는 속옷과 가벼운 셔츠를 입힌다. 더 덮어 주려면 포대기가 알맞다.

1 낮에는 벗기기 쉬운 옷을 입힌다. 목둘레가 넓고 소재가 신축성 있으며 소매가 헐렁하고 똑딱단추가 달린 옷을 고른다. 밤에는 방염 처리가 되어 있고, 아기 몸에 좀 더 꼭 맞는 옷을 입힌다.

2 침대나 기저귀 교환대를 정돈한 뒤 아기를 눕힌다. 기저귀를 간 지 한 시간이 지났으면 기저귀를 갈아 주어야 하는지 확인한다(p.138 참고).

3 아기가 기저귀 가는 것을 싫어할 수도 있다. 마음을 안정시키는 음악을 들려주거나 모빌, 장난감 등을 이용해 아기의 주의를 다른 곳으로 돌린다.

4 목둘레를 늘인 뒤 아기의 머리를 끼운다. 아기의 머리가 목둘레보다 클 수 있는데 이 경우 손으로 옷을 늘여야 한다. 머리가 크다고 신체적으로 결함이 있는 것은 아니다. 그뿐만 아니라 장래의 외모에 영향을 미치는 것도 아니다.

5 옷소매 끝과 아기의 팔을 잡고 소매를 부드럽게 아기 팔에 끼운다. 다른 쪽 팔도 같은 방법으로 끼우고, 바지도 같은 방법으로 끼워서 입힌다.

6 지퍼를 채울 때는 옷을 들어 아기의 살에 닿지 않게 해 채운다.

추위와 더위로부터 아기 보호하기

아기는 너무 덥거나 너무 추운 곳에 두면 안 된다. 아기를 데리고 외출할 때는 다음의 요령에 따라 자연 요인으로부터 아기를 보호해야 한다.

심한 더위 피하기

아기는 열이 많기 때문에 자칫하면 외부 화상을 입거나 땀띠가 나기 쉽다. 직사광선을 피하고 옷을 너무 많이 입히지 않도록 주의한다. 통풍이 잘 되면서 직사광선을 적게 받을 수 있는 옷은 다음과 같다.

촘촘히 짠 밝은 색의 헐렁한 면 옷

촘촘히 짠 옷감은 햇빛이 통과하지 못하고, 밝은 색은 햇빛을 반사시킨다. 헐렁한 면 옷은 아기가 주기적으로 체온을 조절할 수 있게 해 준다.

긴 소매 셔츠·긴 바지

노출된 피부를 가려 주는 것이 좋다. 아기의 피부를 직사광선으로부터 보호해 체온을 낮게 유지하도록 도와준다.

양말

아기의 발은 특히 햇볕에 그을리기 쉽다. 아기가 유모차 안에 있을 때는 다른 신체 부위보다 발이 더 많이 노출된다. 면양말을 신겨 발을 가려 준다.

챙 달린 유아용 모자

챙이 달린 모자는 햇볕으로부터 아기의 머리와 얼굴, 귀를 보호해 준다.

선글라스

민감한 아기의 눈을 보호해 준다. 선글라스를 고정하는 끈도 시중에서 구입할 수 있다. 끈을 단단히 고정해 아기의 목에 끈이 감기는 일이 없도록 한다.

주의

생후 6개월 이전에는 자외선 차단제보다 옷을 알맞게 입히고 피부를 보호해 주는 것으로 직사광선을 피하게 하는 것이 바람직하다. 화학물질이 아기의 민감한 피부에 좋지 않은 반응을 일으킬 수 있기 때문이다. 생후 6개월 이후라면 아기가 햇빛을 쐬게 될 때마다 자외선 차단제를 조금씩 발라 준다. 자외선 차단 지수(SPF)가 15 이상은 되어야 하고, PABA(파라아미노벤조산)가 함유되지 않은 것을 선택한다.

심한 추위 피하기

아기에게는 엄마가 편하다고 느끼는 것보다 한 겹 더 입혀 준다. 추운 곳에 데리고 갈 때는 다음과 같이 입힌다.

따뜻한 모자

온기가 머리로 빠져나가는 것을 막는다.

부츠·장갑

아기의 팔다리를 감싸 몸이 따뜻하게 유지되도록 도와준다.

겨울 코트

외투는 눈이나 비로부터 아기를 보호해 준다.

포대기

추운 정도에 따라 포대기로 아기를 감싸면 더 따뜻하게 해 줄 수 있다.

전문가 한마디

자동차로 이동 중이거나 이동 계획이 있을 경우 카시트를 설치하기 전에 차 안을 덥혀 놓는다. 차로 15분 이상 갈 경우에는 아기의 코트를 열어 주어 아기 스스로 체온을 조절하게 한다.

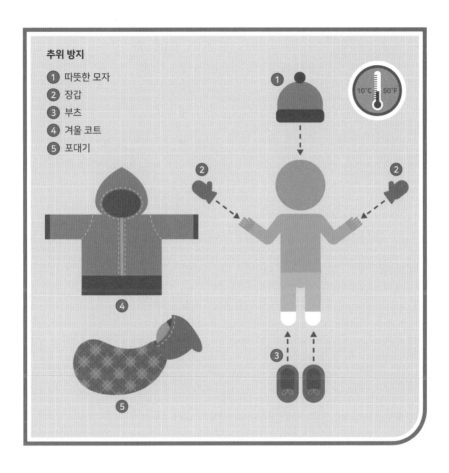

추위 방지

1 따뜻한 모자
2 장갑
3 부츠
4 겨울 코트
5 포대기

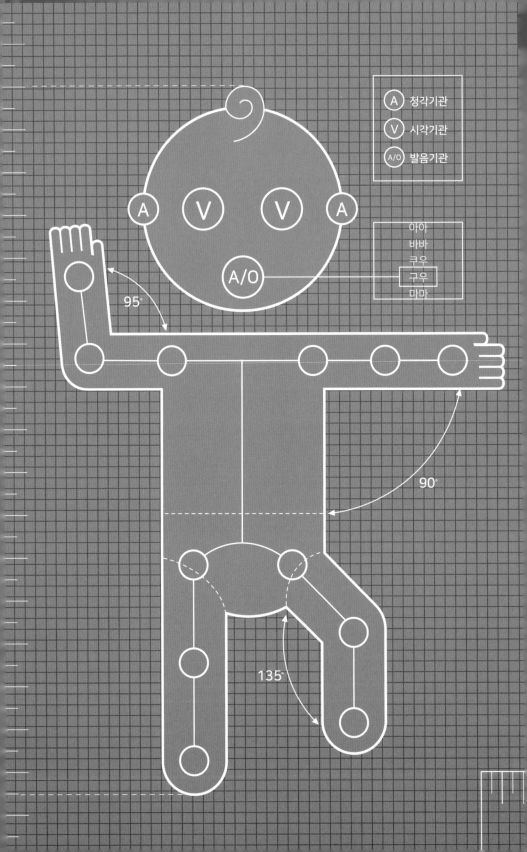

청각기관

시각기관

발음기관

아아
바바
쿠우
구우
마마

95°

90°

135°

CHAPTER 6

성장과 발달

운동·감각 기능의 파악

아기는 모두 다르게 발달한다. 아기에게 중요한 시기인 생후 1개월에 많은 아기들이 보이는 발달 정도를 아래에 상세히 설명했다. 생후 1개월에 이 단계에 이르지 못했더라도 대부분 곧 도달하게 된다. 하지만 혹시 발달 장애는 아닌지 주의해서 살핀다(p.170 참고).

시각

생후 1개월 정도가 되면 아기는 최대 30cm 떨어진 물체를 볼 수 있는 능력이 생긴다. 눈으로 물체를 좌우로 '쫓는' 능력도 생긴다.

아기는 물체보다 얼굴 보는 것을 좋아한다. 대부분의 아기가 색깔 있는 물체보다 검은색과 흰색에 더 관심을 보인다. 이런 선호도는 기본적으로 설정되어 있는 것이기 때문에 부모가 바꿀 수 없다. 이런 특징은 아기가 자라면서 저절로 바뀌게 된다.

청각

생후 1개월 정도 되면 아기의 청각은 완전히 발달한다. 소리를 알아듣고 익숙한 목소리가 나는 쪽으로 몸을 돌린다. 아기의 청각 기능을 강화시키고 싶다면 음악을 틀어 주거나, 말을 걸거나, 노래를 불러 준다. 아기의 발달 속도가 더 빨라진다.

운동 능력

생후 1개월 정도가 되면 모든 아기는 자신에게 팔, 다리, 손, 발이 있다는 사실을 인지하게 된다. 주먹을 쥐어서 입으로 가져갈 수 있게 되고, 완전히는 아니지만 머리와 목의 힘도 어느 정도 생긴다. 머리를 들어올리기 시작하지만 아직 도움이 필요하다.

아기의 운동 능력을 강화시키고 싶다면 아기를 엎드리게 한다. 엎드린 자세는 아기의 머리와 목의 힘을 강화시킨다. 아기의 팔과 다리를 가지고 놀아주

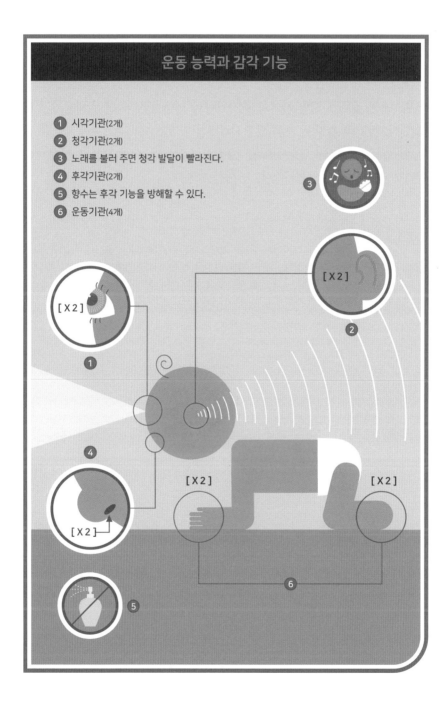

운동 능력과 감각 기능

1. 시각기관(2개)
2. 청각기관(2개)
3. 노래를 불러 주면 청각 발달이 빨라진다.
4. 후각기관(2개)
5. 향수는 후각 기능을 방해할 수 있다.
6. 운동기관(4개)

면 아기가 그 부분이 자기 신체의 일부임을 인식하는 데 도움을 줄 수 있다.

후각

생후 1개월 정도가 되면 아기의 후각기관이 엄마 냄새와 젖 냄새를 인식하게 된다. 아기의 후각 능력을 발달시키려면 아기가 태어나고 처음 몇 달 동안 향수나 코롱, 향기 나는 비누를 사용하지 않는다. 이런 제품을 사용하면 아기가 엄마 냄새를 인식하는 데 방해를 받는다.

 전문가 한마디

아기가 생후 1개월이 되어 이 기준에 미치지 못한다고 해서 걱정할 필요는 없다. 발달 속도는 아기마다 모두 다르다. 하지만 아기가 큰 소리에 반응하지 않거나, 팔다리를 잘 움직이지 않거나, 눈으로 물체를 쫓지 않거나, 밝은 빛이 눈에 들어가도 눈을 깜빡이지 않으면 의사와 상의한다.

반사 능력 알아보기

아기는 생존을 위해, 그리고 환경에 빠르게 적응하기 위해 태어날 때부터 다양한 반사 능력을 가지고 있다. 반사는 근육에 직접적인 자극이 가해졌을 때 무의식적으로 일어나는 동작이다. 아래에 설명한 대로 간단한 진단 테스트를 통해 아기의 반사 능력을 알아본다.

빨기 반사(Sucking Reflex)

빨기 반사는 생후 몇 주 동안 아기가 식량(모유나 분유)을 확보하게 해 준다. 생후 1개월 정도가 되면 의식적으로 빠는 단계로 발전한다.

1 손가락, 고무젖꼭지 또는 유두를 아기의 입에 물린다.

2 아기가 입천장과 혀 사이에 물체를 끼우고 혀를 앞뒤로 움직이면서 빨기 시작한다.

먹이 찾기 반사(Rooting Reflex)

먹이 찾기 반사는 아기가 먹을 것을 찾는 것을 도와준다. 생후 4개월 이내에 엄마 젖가슴이나 젖병을 의식적으로 찾는 단계로 발전한다.

1 요람 안기 자세로 아기를 안고 볼을 건드린다. 아기는 자극이 오는 쪽으로 얼굴을 돌리고 입을 벌려 먹을 것을 받아들일 준비를 할 것이다.

2 다른 쪽 볼에도 되풀이해 본다.

모로 반사(Moro Reflex)

아기가 팔과 다리를 앞으로 뻗었다가 가슴 쪽으로 움츠리는 반사다. 큰 소리나 갑작스러운 움직임에 의해 일어난다. 4~6개월 사이에 없어진다.

1 아기를 반듯이 눕힌다. 아기가 가만히 있을 때(잠들지는 않은 상태) 갑자기 재채기를 하거나 기침을 해 본다.

2 아기가 발과 다리를 앞으로 뻗었다가 오므리는 반응을 즉각적으로 보인다.

 주의
모로 반사 시험을 위해 지나치게 크거나 무서운 소리를 내지 않도록 한다. 아기의 행동을 지켜보기만 하면 된다. 재채기나 기침에도 반응이 없으면 개 짖는 소리 또는 문 두드리는 소리를 내거나, 목소리를 높이거나, 다른 큰 소리를 들려준다.

손발 오므리기 반사(Palmar and Plantar Grasp Reflexes)

아기가 손가락으로 쥐거나 발가락을 오므리는 촉각 반사다. 손바닥 오므리기 반사는 6개월 이내에 의식적으로 쥐려는 단계로 발전한다. 발바닥 오므리기 반사는 1년이 지나면 없어진다.

1 손가락으로 아기의 손바닥을 건드린다. 아기가 손가락을 오므려 엄마의 손가락을 쥐려고 한다.

2 손가락으로 아기의 발을 쓰다듬는다. 아기가 발가락을 오므리려고 한다.

3 다른 쪽 손과 발에도 되풀이한다.

보행 반사(Stepping Reflex)

아기가 다리로 스스로를 지탱할 수 있는지에 관계없이 두발이 걷듯이 교대로 움직이는 반사다. 이때 엄마가 도움을 주면 대부분의 아기들은 엄마 쪽으로 오기까지 한다. 보행 반사는 몇 개월이 지나면 사라지며, 생후 1년 정도가 되면 의식적으로 서서 걸으려고 한다.

1 아기의 얼굴이 엄마와 마주보도록 하고 겨드랑이 밑을 잡아 준다. 손가락으로 머리를 받쳐 머리가 뒤로 넘어가지 않게 한다.

2 의자에 앉아 아기를 들어 올려 선 자세가 되게 한다. 아기의 발은 엄마의 허벅지 위에 올려놓는다.

3 몸무게를 지탱하기 위해 아기가 발을 꽉 누른다.

긴장성 목 반사(Tonic Neck Reflex)

아기가 머리와 팔의 움직임을 조절하도록 도와주는 반사다. 보통 생후 6개월 정도에 없어진다.

1 아기를 반듯이 눕힌다.

2 아기의 머리를 오른쪽으로 부드럽게 돌린다.

3 아기가 오른쪽 팔을 옆구리에서 앞쪽으로 쭉 펴고, 왼팔은 머리 쪽으로 구부린다.

4 아기의 머리를 왼쪽으로 돌린다. 아기가 왼팔은 앞으로 뻗고 오른팔은 위로 구부린다.

방어 반사(Defensive Reflex)

아기가 실제와 가상의 위해로부터 자신을 보호하게 해 준다. 아기의 운동 조절 능력이 더 세밀하게 발달할 때까지 나타난다.

1 아기를 반듯이 눕힌다.

2 장난감을 아기 머리 위 30cm 높이에서 얼굴 쪽으로 천천히 내린다.

3 아기가 머리를 한 쪽으로 돌린다.

생후 1년 발달 단계

아기는 자라면서 다양한 발달 단계에 이르게 된다. 하지만 아기마다 발달 정도가 다르기 때문에 모든 아기가 특정 시기에 특정 단계에 도달하는 것은 아니다.

다음에 나와 있는 발달 단계는 여러 아기들의 평균치에 근거한 것이다. 평균에 미치지 못해도 불안해할 필요 없다. 신체 기능의 범위는 항상 다양하다. 평균치에서 벗어난 것이 아기의 능력에 좋거나 나쁜 영향을 미치는 것도 아니다. 각각의 발달 단계는 독립적이라는 사실을 알아 두자. 다시 말해 걸음마는 빨리 시작해도 말은 늦게 배울 수 있다는 것이다. 아기의 발달 상태가 심각하게 걱정되면 의사와 상의한다.

3개월 발달 단계

생후 3개월 끝 무렵이면 대부분의 아기가 다음과 같은 발달 단계에 이른다.

- 엄마 아빠의 얼굴을 알아보고 목소리를 알아듣는다.
- 엄마 아빠의 얼굴을 보거나 목소리를 들으면 웃는다.
- 더 복잡한 시각적 무늬에 흥미를 갖게 된다.
- 낯선 사람의 얼굴에 관심을 갖게 된다.
- 고개를 더 잘 가눌 수 있게 된다.
- 한 번에 자는 시간이 길어진다.
- 신체 조정 능력이 향상된다.
- 물체에 더 자주 다가가거나 물체를 잡는다.

위험 신호

생후 3개월이 지난 아기에게 다음 중 한 가지라도 해당되면 의사와
상의하는 것이 좋다.

- 사시인 듯한 느낌이 있다.
- 눈으로 물체를 잘 쫓지 못한다.
- 큰 소리나 부모의 목소리에 반응을 보이지 않는다.
- 손을 사용하지 않는다(또는 사용하려 하지 않는다).
- 고개를 잘 가누지 못한다.

6개월 발달 단계

생후 6개월 끝 무렵이면 대부분의 아기가 다음과 같은 발달 단계에 이른다.

- 작은 물체에 초점을 맞춘다.
- 소리가 나는 쪽을 쳐다본다.
- 엄마 아빠가 내는 간단한 소리를 따라하고 옹알이를 한다.
- 덜 자주 먹고 고형식을 먹기 시작한다.
- 오랫동안 울지 않고 혼자서 잘 논다.
- 물건을 자주 물어뜯는다.
- 독립적인 움직임이 더 많아지고 뒤집기와 앉기를 배운다(약간의 도움이 필요
  하다).
- 손으로 만지려고 하면서 주변을 탐색하기 시작한다.

위험 신호

생후 6개월이 지난 아기에게 다음 중 한 가지라도 해당되면 의사와
상의하는 것이 좋다.

- 엄마 아빠의 말을 따라 옹알이를 하지 않는다.
- 물체를 잡고 입으로 가져가지 않는다.
- 모로 반사와 긴장성 목 반사가 아직 나타나는 것 같다(p.168, 169 참고).

9개월 발달 단계

생후 9개월 끝 무렵이면 대부분의 아기가 다음과 같은 발달 단계에 이른다.

- 장난감을 눈앞에서 치우면 찾는다.
- 엄마 아빠가 '안녕'이라고 말하고 사라지면 속상해한다.
- 옹알이로 엄마 아빠의 말을 따라하려고 한다.
- 뒤집기와 기기, 붙잡고 일어서기를 배우면서 더 독립적으로 움직인다.
- 물체를 조작하고, 물체가 어떻게 움직이는지 이해하기 시작한다.

위험 신호

생후 9개월이 지난 아기에게 다음 중 한 가지라도 해당되면 의사와
상의하는 것이 좋다.

- 몸 한쪽을 끌면서 기어 다닌다.
- 복잡한 말은 옹알이로 따라하지 않는다.

12개월 발달 단계

생후 12개월 끝 무렵이면 대부분의 아기가 다음과 같은 발달 단계에 이른다.

- 엄마 아빠가 물건의 이름을 말하면 그쪽을 쳐다본다.
- 엄마 아빠가 다른 방에서 부르면 찾아온다.
- '엄마', '아빠' 이외에 몇 가지 단어를 (비교적 명확하게) 말한다.
- '안 돼'라고 말하면 반응을 보인다.
- 걷기와 기어오르기 요령을 습득하면서 전보다 훨씬 더 독립적으로 움직인다.
- 가고 싶은 곳을 손으로 가리킨다.

위험 신호

생후 12개월이 지난 아기에게 다음 중 한 가지라도 해당되면 의사와 상의하는 것이 좋다.

- 아기가 아무 소리도 내지 않는다.
- 엄마 아빠의 행동을 따라하지 않는다.
- 도와줘도 서 있지 못한다.

성장 백분위수 알기

아기의 신체 발달을 알아보려면 백분위수를 계산해 보는 것이 도움이 된다. 백분위수는 내 아기가 같은 연령과 성별을 가진 다른 아기들의 전국 평균에 비해 어떻게 성장하고 있는지를 알 수 있게 해 준다. 백분위수를 사용할 때는 체중, 키, 머리 둘레라는 세 가지 변수를 비교한다.

아기의 체중 백분위수가 20이라면, 전국적으로 자신의 아기보다 체중이 덜 나가는 아기가 20%, 더 나가는 아기가 80%라고 보면 된다. 신체 치수 측정 방법에 따라 백분위수도 달라지는 경우가 많다는 것을 알아 두자.

1 아기의 체중을 측정한다. 한 가지 방법은 엄마의 체중을 잰 뒤, 아기를 안고 다시 한 번 재는 것이다. 전체 무게에서 엄마 몸무게를 뺀 것이 아기의 체중이 된다. 병원에서고 정기적으로 아기의 몸무게를 잴 수 있다.

2 아기의 키를 측정한다. 평평한 바닥에 종이를 깔고 아기를 그 위에 눕힌다. 아기의 머리 맨 윗부분을 종이에 표시하고, 아기의 다리를 곧게 펴서 발맨 끝부분도 표시한다. 표시한 두 지점이 일직선상에 있어야 정확하게 키를잴 수 있다. 표시한 두 점 사이의 길이를 측정해 아기의 키를 잰다.

3 아기의 머리 둘레를 측정한다. 줄자로 아기 머리에서 가장 굵은 부분인 귀 바로 윗부분을 감는다. 머리 둘레를 잴 때마다 같은 부위를 측정한다.

4 수치를 기록한다. p.165, p166의 그래프를 이용해 아기의 백분위수를 알아보고, 다른 아기들의 발육 상태와 비교해 본다.

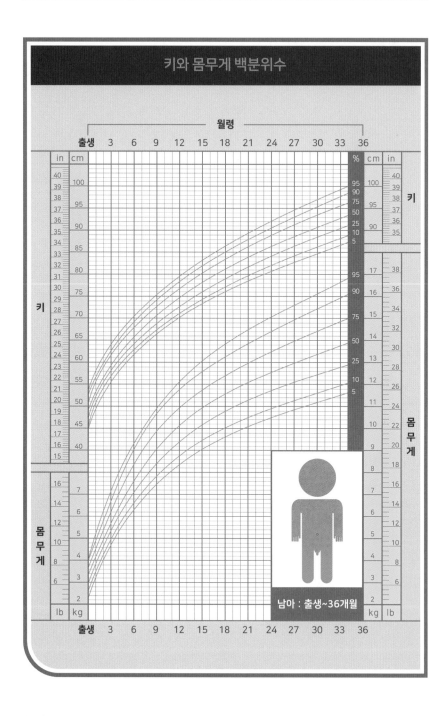

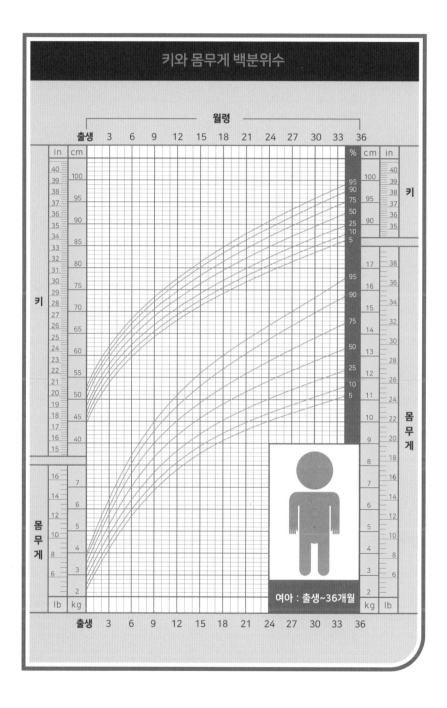

전문가 한마디

아기의 백분위수에 대해 지나치게 걱정할 필요는 없다. 키 백분위수가 10인 아기는 성인 되었을 때 키가 상당히 클 확률이 높다. 아기의 성장 패턴을 결정하는 가장 중요한 요인은 부모의 성장 패턴이다. 영유아기와 아동기에 키가 작았던 사람은 자녀도 비슷하게 작을 수 있다.

아기와 대화하기

생후 6개월 무렵이면 아기에게는 언어 능력이 생긴다. 아기에게 말을 걸어 주면 이런 능력이 더욱 활성화된다. 아기는 처음에는 엄마가 내는 소리를 따라하다가 마침내 스스로 말하는 법을 배우게 된다.

어떤 부모들은 자신들이 평소에 사용하는 말투와 단어로 아기에게 말을 건다. 이 경우 아기는 몇 가지 소리를 따라하는 데 어려움을 느끼지만, 나중에는 사람의 이름과 장소, 물건의 이름을 정확하게 발음하게 된다.

아기 말로 이야기하는 부모들도 있다. 아기 말로 대화하면 아기가 말을 따라 하기 쉽다. 하지만 나중에 사람과 장소, 물건의 정확한 이름을 혼동할 수 있다.

바람직한 방법은 두 가지 방법을 섞어서 사용하는 것이다. 가장 좋은 결과를 얻으려면 높은 톤으로 말을 하는 게 좋다. 아기의 청각기관은 톤이 높은 소리를 더 쉽게 인식한다.

아기 말
아기는 태어나면서 '아아', '구구', '음마'와 같은 다양한 아기 말 표현 능력을 갖고 있다.
아기가 이런 소리를 내면 아기에게 그 소리를 되풀이해서 들려준다. 이 방법은 아기가 특정 소리를 내도록 유도하고, 대화 기초까지도 가르칠 수 있다.

자연스럽게 이해하기
생후 6개월이 되면 일부 아기들은 '다', '바'와 '마' 같은 어른 말소리의 일부분을 흉내 내기 시작한다. 이런 소리가 단어로 확장되게 도와주려면 다음의 방법을 시도해 본다.

1 아기가 내는 소리를 따라한다.

2 아기가 엄마의 말을 따라하도록 유도한다. 엄마가 낸 소리를 아기가 따라하면 박수를 치고 환호해 준다.

3 아기가 소리를 내면 자연스러운 말로 반응해 준다. '정말? 그래?' 혹은 '그렇구나.' 같은 말로 대답해 준다. 미소와 환호는 아기가 계속해서 말하도록 격려하는 것과 같다.

 전문가 한마디

아기와 대화할 때 많은 부모들이 자신의 행동을 말로 설명하면서 보여 준다. 예를 들어 '여기 젖병 있다.'와 같이 말해 주는 것이다. 이때 아기는 주의를 기울이게 되고, 언어의 쓰임새를 더 빨리 깨우치게 된다.

운동 능력

운동 능력이 발달하면서 기어 다니기, 붙잡고 일어서기, 기어오르기 같은 능력이 아기에게 생긴다. 이 기술들을 완전히 익힐 때까지 아기를 주의해서 지켜보고, 다치지 않도록 하는 것이 중요하다.

기어 다니기

아기는 대게 생후 9개월 전후가 되면 기어 다니기 시작한다. 이때 뒤로 기어 가거나 한쪽 팔다리만 쓰기도 하고, 자기 손에 걸려 넘어지거나 몸을 돌리다가 넘어지기도 한다. 모두 정상적인 행동이다. 또 기어 다니지 않는 아기도 있는데, 이상이 있어서 그런 것이 아니므로 걱정하지 않아도 된다. 걷기 전까지 구르거나 몸을 밀면서 다니는 아기들도 많이 있다. 아기가 기어 다니기 시작하면 다음의 방법을 따른다.

1 아기가 능숙하게 기어 다닐 수 있을 때까지 아기를 엄마 가까이에 둔다.

2 아기의 몸 중 '약한' 쪽 곁에 있어 준다. 아기가 몸 한쪽을 다른 쪽보다 많이 쓰는 경우도 있다. 그럴 경우 더 약한 쪽으로 넘어지게 된다.

3 아기가 기어 다니는 공간을 카펫, 깔개, 잔디처럼 표면이 부드러운 곳으로만 제한한다. 그러면 넘어져도 아픔을 거의 느끼지 않거나 다치지 않는다.

붙잡고 일어서기

기는 기술을 완전히 익히고 나면 아기는 기구, 책장 또는 엄만 아빠를 붙잡고 일어서기를 시작한다. 붙잡고 일어서기 기술을 완전히 익힐 때까지 다음의 예방 조치를 통해 사고나 부상을 막는다.

1 넘어질 것을 대비해 부드러운 공간을 만들어 둔다. 베개나 부드러운 담요를 가까이에 두었다가 아기가 붙잡고 일어서기 시작하면 발 가까이에 놓아 준다.

2 손으로 아기의 균형을 잡아 준다. 붙잡고 일어서기 시작하면 아기는 팔의 힘이 생기고 균형 감각과 신체 조정 능력이 충분히 발달할 때까지 생각지 못한 방법으로 넘어질 수 있다.

기어오르기

걸음마가 서툴러도 기어오르기를 할 수 있다. 생후 약 12개월이 되면 기어 다니기와 붙잡고 일어서기 단계에서 계단이나 가구들 위로 기어오르기 단계로 발전한다.

1 아기에게서 눈을 떼지 않는다. 아기들은 대부분 올라갈 줄은 알지만 내려오는 법은 모른다.

2 아기가 물체 위로 기어오르는 동안 아기를 받쳐 준다. 아기는 자신의 무게 중심을 모르기 때문에 절반 정도 올라갔을 때 앞으로 넘어질 수 있다. 아기가 무게중심을 알게 될 때까지 부모가 받쳐 주는 것이 좋다.

3 아기가 계단을 기어오르는 동안에는 아기에게서 눈을 떼지 않는다. 계단에서 떨어지는 것은 아기에게 매우 위험하다. 한 손을 아기 몸 위에 항상 올려놓고, 뒤나 옆으로 넘어지지 않도록 잘 보아야 한다.

 전문가 한마디
아기에게 계단과 의자, 그 밖의 다른 물건에서 뒤로 내려오는 방법을 가르친다. 손으로 아기의 몸을 돌려놔 준 뒤 스스로 내려오게 한다. 아기는 곧 혼자서 내려올 수 있게 되지만, 계속해서 아기를 잘 살펴야 한다.

운동 능력

1. 기어 다니기
2. 붙잡고 일어서기
3. 기어오르기
4. 걷기
5. 신발은 똑바로 서기를 방해할 수 있다.

걷기

걸음마를 시작하는 생후 12개월쯤이면 아기는 앞으로 넘어질 것 같으면 능숙하게 혼자 힘으로 버티고, 뒤로 넘어질 때는 엉덩이로 넘어진다. 하지만 아기가 다치지 않게 하려면 여전히 부모의 보호 조치가 필요하다.

1 맨발로 걷게 한다. 아기에게 신발을 신기는 것이 급한 것이 아니다. 맨발로 걷는 것은 아기가 걷기에 익숙해지는 데 도움이 된다. 처음에는 신발이 어색할 수도 있다. 밖에서 걸을 때만 부드럽고 신축성 있는 신발을 신긴다.

2 아기가 걸어갈 길을 치워 준다. 그래야 아기가 자신의 발이 아닌, 엄마나 가장 좋아하는 장난감 같은 목적지를 보게 된다.

3 날카롭거나 딱딱한 가구 모서리를 조심한다. 아기가 다칠 수 있다.

넘어졌을 때 대처하기

아기는 엄마가 생각하는 것보다 훨씬 더 튼튼하다. 어쩔 수 없이 넘어졌더라도 다치지 않는 경우도 있다. 아기가 넘어지는 것을 봤을 때는 다음과 같이 한다.

1 허둥대지 않는다. 엄마가 겁을 먹고 허둥지둥하면 아기가 알아차린다. 엄마가 침착해 보일수록 아기도 넘어졌을 때 잘 대처한다.

2 심하게 넘어진 것이 아닐 경우 천천히 움직인다. 엄마가 자신을 향해 달려오는 모습을 보면 아기가 놀랄 수 있다.

3 아기에게 다가가 말로 위로해 준다. "괜찮아, 얼른 일어나자."라고 말해 주는 것이 좋다.

4 아기에게 위로가 더 필요할 경우 아기를 안아 올린다.

5 다친 곳이 있는지 살펴보고, 필요에 따라 치료해 준다.

6 아기가 계속 울면 주의를 다른 곳으로 돌린다. 새로운 장난감을 주면 아기가 넘어진 사실을 잊어버릴 수도 있다.

분리 불안 대처하기

아기가 엄마 얼굴을 알아보기 시작하면서 자신이 엄마에게 얼마나 의지하고 있는지 알게 되면 엄마가 없어졌을 때 불안을 느낄 수 있다. 이를 분리 불안이라고 한다.

이런 감정 상태는 보통 생후 8~10개월일 때 나타난다. 아기는 엄마 곁에서는 활달해 보이지만 낯선 사람과 있을 때는 내성적으로 보인다. 엄마가 단 5분이라도 시야에서 사라지면 아기는 울음을 터뜨린다. 한밤중에 깨서 엄마를 찾기도 한다.

분리 불안은 대개 15개월 정도에 가장 심하게 나타난다. 그때까지 엄마와 아기가 이 새로운 감정 상태를 다스릴 수 있도록 다음의 전략을 활용해 보도록 하자.

1 아기가 불안해하면 달래 준다.

2 낯선 사람에게 조용히 말하고 아기에게 천천히 다가가 달라고 부탁한다.

3 아기에게 이행 대상을 준다(P.128 참고).

4 새로운 장소에 천천히 적응시킨다. 아기가 분리 불안 증세가 있다면 아기를 탁아 시설에 맡기는 것이 적절치 않다. 어쩔 수 없이 탁아 시설에 맡겨야 할 경우에는 처음 며칠 동안 탁아소에 아기와 함께 있어 준다. 그 후에 5~10분 정도의 짧은 간격으로 아기와 떨어져 있어 본다. 맡기고 갈 때는 "안녕"이라는 간단한 말을 꼭 해서 믿음을 쌓는다.

떼쓸 때 대처하기

주변 세상을 이해하게 되면서 아기는 자신이 원하는 바를 전달하려고 할 때 불만족을 느낄 수 있다. 이런 불만이 떼쓰기의 형태로 나타난다.

떼쓰기는 보통 생후 10~12개월 사이에 나타난다. 아기는 울거나 보채기도 하고, 잡고 싶은 물체 쪽으로 팔을 뻗기도 하며, 발차기를 하거나, 주먹을 휘두르거나, 팔을 마구 흔들기도 한다. 아기에 따라 떼쓰기가 몇 년 동안 지속되기도 한다. 아기의 초기 떼쓰기를 관리하기 위해 다음의 방법을 활용한다.

1 생후 1년 동안 "안 돼."라는 말을 알아듣도록 가르친다. 생후 1년이 될 때까지는 아기가 이 말을 이해하지 못할 수도 있다. "안 돼."라는 말을 자주 쓰되, "안 돼, 만지지 마. 뜨거워!" 또는 "먹지 마. 그건 벌레야."처럼 중요한 내용만 이야기한다.

2 가능한 한 많이 설명해 준다. 칼을 가지고 놀거나 뜨거운 난로를 만지는 것이 왜 안 되는지 말로 설명해 주면, 아기는 이해할 수 있다. 설명을 해 주면 아기가 되는 것과 안 되는 것을 구분해 나가는 데 도움이 된다.

3 아기가 울거나 보챌 때 엄마가 감정적으로 반응하면 떼쓰기가 더 심해진다. 이는 떼쓰기로 엄마의 반응을 얻어 낼 수 있다고 아기에게 가르치는 것과 같다. 아기가 안전한 상황에 있다면 울거나 보채도 반응하지 않는다.

4 긍정적인 반응으로 아기의 행동을 유도한다. 아기가 착한 행동을 하면 칭찬해 준다. 스스로 장난감을 치우면 박수를 치고 미소를 지어 준다.

5 인내심을 갖는다. 이러한 전 과정은 일종의 '단계'일 뿐이다. 이 단계는 지나간다.

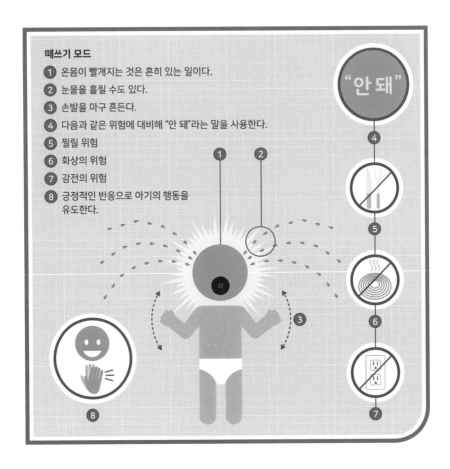

떼쓰기 모드

① 온몸이 빨개지는 것은 흔히 있는 일이다.

② 눈물을 흘릴 수도 있다.

③ 손발을 마구 흔든다.

④ 다음과 같은 위험에 대비해 "안 돼"라는 말을 사용한다.

⑤ 찔릴 위험

⑥ 화상의 위험

⑦ 감전의 위험

⑧ 긍정적인 반응으로 아기의 행동을 유도한다.

"안 돼"

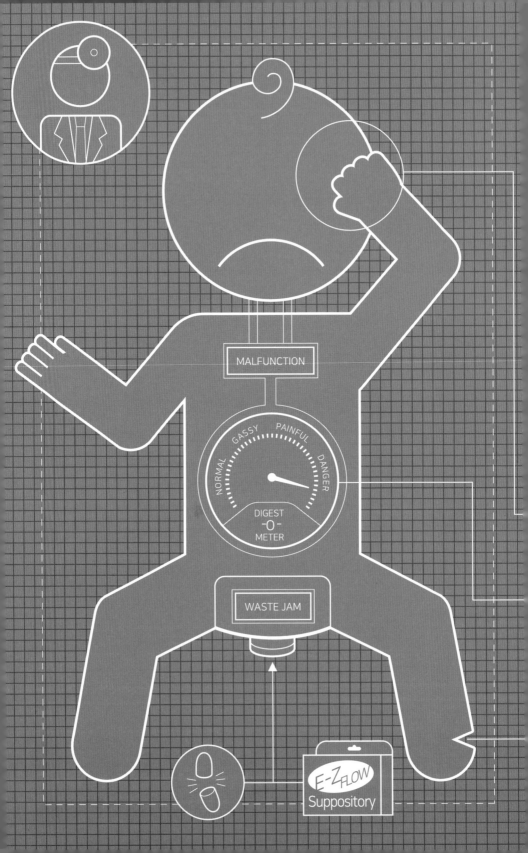

CHAPTER 7

아기 안전과 응급 상황

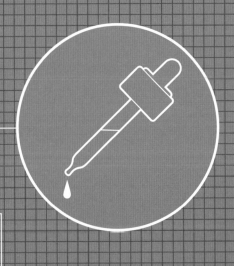

아기에게 안전한 환경 만들기

생후 9개월 무렵 움직임이 활발해지면 아기는 주위를 탐색하기 시작한다. 집안을 아기에게 안전하도록 꾸며 아기의 안전을 확실히 지켜 줘야 한다. 이 작업을 업체에게 맡기는 부모들도 있지만, 스스로도 쉽게 꾸밀 수 있다. 아기에게 안전한 환경에 대한 기본 개념을 이해시키면, 아기를 데리고 다른 집을 방문했을 때도 그 집이나 환경을 아기에게 안전하도록 만들어 줄 수 있다.

안전한 환경을 만들기 위한 계획

1 삼키거나 목에 걸릴 수 있는 물건들을 찾아서 치운다.

2 전기 콘센트에 덮개를 씌우고, 안전 플러그를 사용해 아기가 콘센트에 접근하는 것을 막는다. 흔들리는 전선은 전기 코드 고정 장치로 바닥이나 벽에 고정한다.

3 방문에 버팀쇠를 설치한다. 버팀쇠는 문이 세게 열리거나 닫히는 것을 막아, 아기의 손가락이 문에 끼지 않도록 하고, 아기가 방안에 갇히는 일이 없도록 한다. 철물점에서 구입할 수 있다.

4 창문에 잠금 장치를 단다. 손잡이로 여는 창문은 손잡이를 떼서 손이 닿지 않는 곳에 둔다.

5 커튼, 블라인드 등의 늘어진 끈을 높이 올려 고정한다. 아기의 목이 끈에 졸릴 위험이 있다.

6 아기가 들어가면 안 되는 방 출입구와 계단 앞에 별도의 문을 설치한다. 별도의 물은 흔들리지 않게 벽에 단단히 고정해야 한다.

7 책장 등 넘어질 수 있는 가구들을 고정한다. 고정해 두지 않으면 아기가 이들 가구를 붙잡고 일어서려고 하다가 가구가 아기 몸 위로 넘어질 수 있다.

8 바닥과 카펫을 진공청소기로 자주 청소한다. 아기가 먼지를 들이마시면 호흡 기능에 이상이 생길 수 있다. 아기의 손에 묻은 먼지가 입에 들어가면 병에 걸릴 수도 있다.

9 소방 장비를 구비한다. 소화기, 탈출 사다리 등을 구비하고, 연기·일산화탄소 감지기가 잘 작동되는지 확인하여 가까운 곳에 둔다.

10 온열기나 선풍기, 공기청정기 등은 아기의 몸무게를 지탱할 수 있도록 튼튼하게 고정하거나 아기가 닿지 않는 곳에 둔다.

 전문가 한마디
오래된 건물에 살거나 페인트 조각이 떨어질 때는 납 성분이 있는지 확인한다. 떨어진 페인트 조각과 납이 들어 있는 원료는 모두 없앤다.

11 날카롭거나 뾰족한 물건을 모두 치운다.

주방

요리를 하거나 빵을 구울 때는 아기가 주방에 들어오지 못하게 하는 것이 좋다. 다음의 예방 조치에 따라 주방을 안전하게 만든다.

1 칼 , 비닐봉지, 날카로운 주방 용품은 서랍에 넣고 잠근다.

2 주방세제나 소화기, 그 밖의 유해한 물건들은 높은 곳에 보관한다.

3 가전제품의 안전을 확인한다. 냉장고를 잠그고, 가스레인지 손잡이에는

플라스틱 덮개를 씌운다. 식기 세척기나 쓰레기 압축기의 잠금 장치가 제대로 작동하는지도 확인한다. 가전제품을 사용하지 않을 때는 플러그를 뽑아 둔다.

4 안전하게 요리한다. 뒤쪽 버너부터 사용하고, 냄비 손잡이는 모두 레인지 뒤쪽으로 안전하게 돌려놓는다.

5 아기용으로 안전한 서랍이나 찬장을 만들어 주어 아기가 탐색할 수 있게 한다. 나무 숟가락, 작은 냄비와 프라이팬, 플라스틱 그릇 등 안전한 물건들을 채워 둔다.

욕실

욕실은 바닥이 딱딱하고 미끄러우므로 아기가 들어가지 못하게 한다. 아기와 함께 욕실에 들어갈 때는 다음의 예방 조치를 따른다.

1 변기 뚜껑을 덮어 놓는 습관을 들인다.

2 약품, 로션, 치약, 구강청결제 등은 아기 손에 닿지 않는 수납장에 넣어 둔다. 더 안전하게 하려면 수납장을 잠근다.

3 콘센트에 누전 차단기를 설치한다. 콘센트가 젖거나 과부하가 걸리면 차단기가 회로를 끊어 전력을 차단한다.

4 욕실 전기 제품의 플러그를 빼서 치운다.

5 위험할 수 있는 면도칼이나 빈 화장품 병 등을 휴지통에 버리지 않는다.

6 타일 바닥에 미끄럼 방지 매트를 깔아 놓는다.

7 욕조가 안전한지 확인한다.

침실

1 아기가 엄마 침대에서 보내는 시간이 많다면 난간을 설치에 아기가 떨어지지 않도록 한다.

2 침대 밑을 확인한다. 큰 상자는 아기가 갇힐 수 있으므로 치운다. 아기가 삼켜 목에 걸릴 수 있는 작은 물건들도 모두 치운다.

거실

1 온풍기나 에어컨에 덮개를 씌운다.

2 낮은 탁자의 날카로운 모서리에 패드를 댄다. 유리, 돌, 금속으로 된 사각형 탁자는 목재 원탁으로 바꾸는 것을 고려해 본다.

3 TV대나 콘솔 위에 올려놓은 장식품을 모두 치운다. 장식장 문은 아기가 열지 못하게 잠근다.

식당

1 식탁 모서리에 패드를 댄다.

2 식탁보와 러너를 치운다. 저녁을 먹거나 파티를 위해 식탁보를 사용했다면 식사가 끝난 뒤 바로 걷는다. 아기가 식탁보를 잡아당기면 그 위의 물건들이 아기 위로 떨어질 수 있다.

3 술병은 높은 곳에 두고 잠근다.

여행 갈 때

여행을 갔을 때는 새로운 공간을 안전하게 만들어 주는 것이 중요하다. 주위 안전이 확보될 때까지 아기에게 더욱 신경 쓴다.

아기용 구급상자 준비

응급 상황에서 아기를 치료할 수 있도록 치료 도구, 거즈, 약 등을 넣은 구급상자를 따로 준비해 둔다. 집 안에 하나, 자동차 안에 하나, 여행용으로 하나씩 따로 준비해 두기도 한다.

구급상자는 가까우면서도 아기의 손이 닿지 않는 곳에 둔다. 한 달에 한 번씩 구급상자를 점검하고 유효 기간이 지난 약이나 오래된 제품은 바꾼다. 작은 물건들은 플라스틱 통에 따로 모아서 큰 물건들 가까이에 둔다.

아기용 구급상자에 보관할 용품들

- 붕대, 테이프, 패드
- 살균 거즈 붕대, 끈
- 솜, 면봉
- 압박 붕대
- 수술용 테이프
- 디지털 체온계
- 가위
- 핀셋
- 약 먹이기용 스포이트
- 손전등과 예비 배터리
- 여분의 포대기
- 소독용 크림
- 항생 연고
- 칼라민 로션
- 화상용 스프레이 또는 연고
- 히드로코르티손 크림(1% 미만)
- 배리어 크림
- 비누
- 깨끗한 물 한 병
- 이부프로펜 또는 아세트아미노펜
- 디펜하이드라민 또는 항히스타민제
- 충혈 완화제
- 기침 억제제
- 아기의 상태에 따라 필요한 기타 의약품
- 심폐소생술(CPR)과 하임리히 요법 설명서
- 맹독 치료 약품 또는 치료 세트
- 비상 전화 번호 목록
- 살균된 물티슈

하임리히법과 심폐소생술(CPR)

아기의 기도가 이물질로 막히면 하임리히법으로 빼 낼 수 있다. 또 아기가 갑자기 숨을 멈추면 심폐소생술(CPR)로 호흡을 재개시킨다. 부모는 두 가지 방법 모두를 잘 알고 있어야 한다. 지역 보건소에서 실시하는 교육 프로그램을 이용해 본다.

호흡 곤란 확인하기

1 위험 신호를 살핀다. 호흡 곤한 증세가 있는지, 아기가 파랗게 질렸는지 본다. 아기의 목에 무언가 걸렸는지, 무의식 상태인지, 자극에도 반응을 보이지 않는지 확인한다.

 전문가 한마디
소리를 듣거나 만져 보면 아기가 숨을 쉬는지 알 수 있다. 깨지지 않는 플라스틱 거울을 아기의 코와 입 근처에 댔을 때 김이 서리면 숨을 쉬고 있다는 뜻이다.

2 주위에 부탁해 응급 센터에 연락한다. 혼자일 때는 하임리히법이나 심폐소생술을 1분 동안 실시한 뒤 병원에 전화를 걸고, 다시 소생술을 실시한다.

3 문제를 진단한다. 아기가 호흡을 멈췄는지, 뭔가를 먹던 중이었는지, 이물질이 목에 걸렸는지 확인한다. 그럴 경우 하임리히법을 실시한다(p.199 참고). 아기의 호흡이 부분적으로 끊기는지, 쌕쌕거리는 소리를 내거나 구역질을 하는지, 기침을 하는지 확인한다. 그럴 때는 아기가 앞을 보도록 앉히고, 기침이나 구역질 같은 자연적인 반사 작용으로 이물질이 나오도록 한다.
2~3분이 지나도 목에 걸린 물질이 나오지 않으면 응급 센터에 연락한다. 이 상황에서는 하임리히법을 실시하면 안 된다. 이물질을 더 깊숙이 밀어 넣을 수 있다. 아기가 의식은 없지만 목에 이물질이 걸리지 않았을 때는 심폐소생술을 실시한다(p.201 참고). 아기가 현재 질병을 앓고 있거나 호흡 기능에

영향을 미칠 수 있는 알레르기가 있는 경우에는 두 방법 모두 시도하면 안 된다. 즉시 119 응급 센터에 전화해 지시를 따른다.

하임리히법

1 자리에 앉는다. 한쪽 다리를 앞으로 편다.

2 아기가 엎드린 자세에서 아기 다리 사이에 엄마의 팔을 낀 상태가 되도록 안는다. 손으로 아기의 머리와 목을 받치고, 다리로 엄마의 팔과 아기의 몸을 받친다. 이렇게 하면 아기의 몸이 기울어져 머리가 몸보다 낮아진다.

3 다른 한손으로 아기의 등을 쳐 준다(그림 A). 어깨뼈 사이를 부드러우면서도 강하게 5번 두드린다. 이물질이 나오면 두드리는 것을 멈춘다. 이물질이 계속 걸려 있으면 다음 단계로 넘어간다.

4 아기의 몸을 돌려 엄마의 허벅지 위에 반듯이 눕힌다. 아기의 머리가 엄마 무릎 근처에 오도록 하고, 고개를 한쪽으로 돌려 머리와 목을 받친다. 이렇게 하면 아기의 몸이 기울어져 머리가 몸보다 낮아진다.

5 가슴을 압박한다(그림 B). 아기의 양쪽 젖꼭지를 잇는 선이 있다고 생각할 때 가상의 선 가운데로부터 1.3cm 아랫부분에 아기의 가슴뼈가 있다. 이 부분에 손가락 두 개를 대고 부드럽지만 강하게 5번 누른다.

6 기도가 열릴 때까지 2~5단계를 반복한다.

7 숨을 쉬는지 확인한다. 아기의 입에 손가락을 집어넣고 좌우로 움직이는 것은 금물이다. 잘못하면 이물질을 다시 목 안으로 밀어 넣을 수 있다.

8 기도가 열리지 않으면 구조대가 도착할 때까지 2~7단계를 계속 되풀이한다.

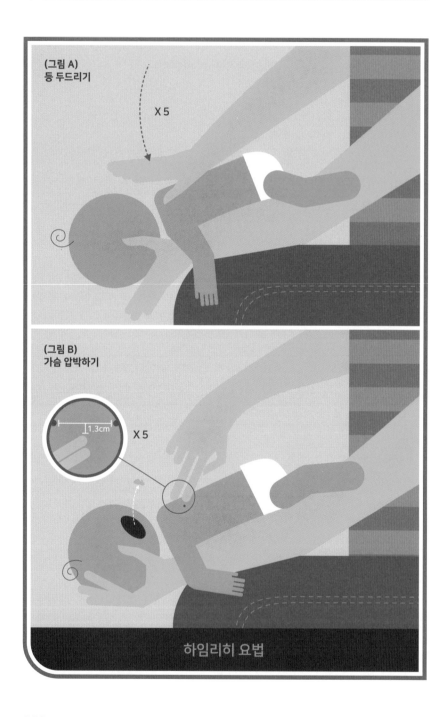

심폐소생술(CPR)

1 다음의 절차에 따라 아기의 심박을 확인한다(10초 이상 하지 않는다).

■ 아기의 한쪽 팔을 들어 몸통과 각도가 90도가 되도록 옆으로 놓는다.
■ 손가락 두 개를 아기의 어깨와 팔꿈치 사이의 이두박근에 올려놓는다. 이 때 맥박이 느껴져야 한다(그림 A).

2 맥박은 느껴지지만 아기가 숨을 쉬지 않고 이미 하임리히법을 시행했다면, 5단계로 가서 입으로 불어 넣는 인공호흡법을 실시한다. 심장박동이 느껴지지 않으면 연속적으로 압박을 하고, 기도를 열고, 숨을 불어 넣어 심폐소생술을 시작한다(C-A-B). 10초 내에 시작한다.

3 아기의 양쪽 젖꼭지를 잇는 선이 있다고 상상한다. 손가락 두 개를 가상의 선 가운데로부터 1.3cm 아랫부분, 다시 말해 아기의 가슴뼈 위에 올려놓는다.

4 아기의 가슴이 1.3~2.5cm 정도 들어가도록 18초에 30번 주기로 눌러준다.

5 입으로 불어 넣는 인공호흡법을 실시한다.

■ 아기의 머리가 약간 뒤로 젖혀지도록 턱을 당긴다.
■ 아기의 코와 입에 엄마의 입을 갖다 댄다.
■ 두 번의 짧은 숨을 불어 넣는다. 한 번의 숨을 3~5초로 한다(그림 C).

주의

한입 가득만큼의 공기만 사용한다. 아기의 폐는 매우 작다는 것을 기억하라. 당신의 폐 안에 있는 모든 공기를 아기의 폐로 전달하려고 하지 마라. 입 가득만큼의 공기면 충분하다.

6 아기의 가슴을 살펴본다. 숨을 불어 넣으면 아기의 가슴이 위아래도 오르내려야 한다. 아기가 스스로 호흡하기 시작하면 심폐소생술을 중단한다.

7 아기의 호흡과 맥박을 확인한다. 회복이 되지 않으면 4, 5, 6단계를 되풀이한다. 호흡과 맥박이 돌아오면 8단계로 넘어간다.

8 소생에 성공하면 아기를 응급실에 데리고 간다. 다른 곳에 이상이 없는지 진찰을 받아 보아야 한다.

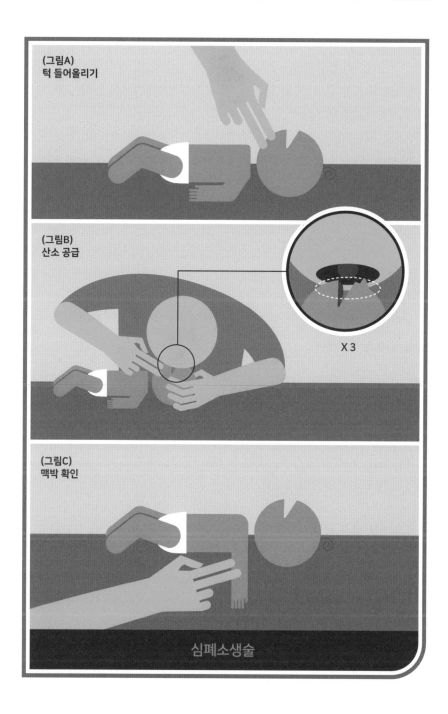

(그림A)
턱 들어올리기

(그림B)
산소 공급

X 3

(그림C)
맥박 확인

심폐소생술

체온 측정

아기의 체온은 약 37℃ 정도다. 체온은 하루 중 계속해서 변하는데, 보통 저녁보다 아침에 더 낮다.

체온을 재는 가장 쉽고 정확한 방법은 디지털 체온계를 아기의 항문에 넣어서 재는 것이다. 유리 체온계를 사용하기도 하지만 깨지기 쉬워 아기가 다칠 수 있다.

주의
아기는 참을성과 운동 기능이 부족해 체온계를 입에 물려 재는 것은 적합하지 않다 (그림B).

1 체온계를 준비한다. 따뜻한 물로 씻어 말린다. 배리어 크림이나 베이비 오일을 끝부분에 바른다.

2 아기를 평평한 바닥에 반듯이 눕히고 옷과 기저귀를 벗긴다. 또는 아기를 엄마 무릎 위에 엎드리게 한다.

3 체온계를 꽂는다. 아기의 엉덩이를 벌리고 체온계를 2.5cm보다 깊이 들어가지 않도록 삽입한다(그림A).

4 체온계를 꽂은 상태로 2분 동안 둔다. 엉덩이를 모아 주면 아기가 덜 불편해 한다. 디지털 온도계는 대부분 체온 측정이 끝나면 삐 소리가 난다.

5 체온계를 뺀다. 옷이나 기저귀로 아기의 엉덩이를 덮어 준다.

주의

항문 체온계는 아기의 장에 자극을 줄 수 있다. 체온을 재기 전 아기 밑에 수건을 깔아 둔다.

6 체온을 읽는다. 38℃ 이상이면 즉시 의사에게 문의한다.

 전문가 한마디

겨드랑이에 체온계를 끼워 체온을 잴 수도 있다(그림B). 겨드랑이에서 잰 체온은 항문에서 잰 체온보다 조금 낮을 수 있다. 체온의 변화는 같은 위치에서 잰 수치만을 비교해 측정한다.

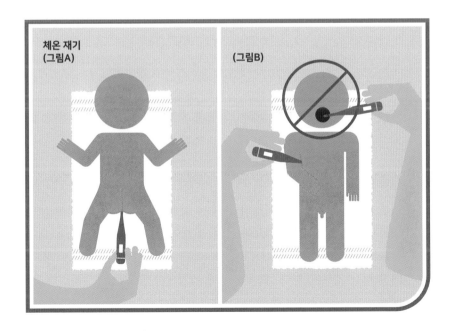

질병 관리

대부분의 아기들은 생후 1년 동안 평균 4가지 질병에 걸린다. 증상이 나타나면 즉시 병원에 문의하여 진찰과 치료를 받도록 한다. 필요할 경우 전문의를 소개받을 수도 한다.

천식

천식은 아기의 기관지에 영향을 주어 호흡을 방해한다. 적절히 치료해 주지 않으면 심각한 상태가 될 수 있다.

천식에 걸리면 기침을 하고(특히 밤에 심하다) 쌕쌕거리며 호흡이 가쁘고 숨쉬기 힘들어 한다. 갈비뼈 사이 피부가 움푹 들어간 것처럼 보이기도 한다. 이러한 증상이 나타나면 병원에 가서 치료를 받는다. 또한 음식, 약물, 오염 물질, 온도 변화 등에 주의하고 아기가 알레르기를 일으킬 수 있는 식품과 환경을 피한다.

아기 여드름

아기 여드름은 심각한 증상은 아니지만 보기에 좋지 않다. 아기 얼굴에 작은 뾰루지 같은 것이 나타나는데 대개 6주가 지나면 없어진다.

아기 여드름을 치료하기 위해서는 아기의 얼굴을 매일 씻겨야 한다. 순한 비누와 미지근한 물로 씻기고, 아기의 침대 시트를 깨끗하게 유지한다. 의사에게 가면 순한 스테로이드 크림을 처방받을 수 있다.

모반과 발진

모반과 발진은 아기의 피부 색소가 변하는 것을 의미한다. 건강에는 문제 없지만 생후 몇 주 안에 확인하도록 한다. 그래야 나중에 생길 수 있는 멍이나 국부 발진과 혼동되지 않는다. 모반은 몇 주가 지나면 없어지기도 하고, 몇 년이 걸리는 경우도 있다. 모반 때문에 걱정된다면 의사와 상의한다. 가장 흔하게 나타나는 모반의 종류는 다음과 같다.

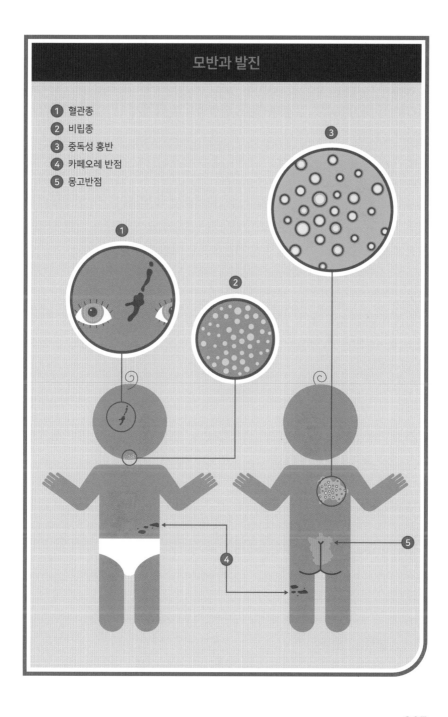

모반과 발진

1 혈관종
2 비립종
3 중독성 홍반
4 카페오레 반점
5 몽고반점

몽고반점

아기의 엉덩이나 등 아래쪽에 주로 나타나는 청록색 반점이다. 멍으로 잘못 보는 경우가 많다. 동양인, 흑인, 남미계, 인디언 아기에게 가장 많이 나타나지만 어느 아기에게나 있을 수 있다. 일반적으로 아기가 2~3세가 되면 없어진다.

혈관종

분홍색이나 연한 주홍색의 반점으로, 발진으로 오인하는 경우가 많다. 아기의 목, 이마, 코, 눈썹에 주로 나타나며, 아기가 울거나 열이 나면 반점이 빨갛게 되기도 한다. 보통 생후 6개월 정도가 되면 없어진다.

중독성 홍반

크림색의 물집으로 물집 주변 피부가 붉어진다. 감염으로 오해하기도 한다. 생후 몇 주 동안 아기의 몸 전체에 퍼지기도 하지만, 생후 3주 정도 되면 대개 없어진다.

비립종

크림색의 뾰루지로 주로 아기의 코에 생긴다. 피지선 분비물에 의해 생기며, 보통 생후 3주가 되면 없어진다.

카페오레 반점

연한 갈색 반점으로 아기의 몸통이나 팔다리에 나타난다. 카페오레 반점이 6개 이상 나타나면 의사와 상의한다.

혹과 멍

혹과 멍은 7~10일 이내에 저절로 없어진다. 다른 증상이 없으면 집에서도 쉽게 치료할 수 있다.

1 해당 부위에 냉찜질을 한다. 찬 수건이나 젤 팩을 상처 부위나 근처에 대 준다. 차갑게 해 주면 혹 또는 멍의 크기가 줄어든다.

2 상처 부위에 손대지 않는다. 만지면 따갑고 아프다. 아기를 다루고 젖을 먹일 때 상처 부위에 되도록 닿지 않게 한다.

3 상처 부위가 낫는 과정을 지켜본다. 혹은 크기가 작아지면서 없어지고, 멍은 보라색에서 노란색으로 변했다가 사라진다.

수두

수두는 바이러스성 감염 증상으로 발진을 일으킨다. 모든 상처 부위에 딱 지가 앉기 전에는 수두를 앓은 적이 없는 사람(또는 예방 주사를 맞지 않은 사람) 에게 전염될 확률이 높다.

발진은 처음에는 붉은 반점 형태로 나타났다가 곧 물집으로 변해 24시간 안에 딱지가 생긴다. 보통 3~5일 이내에 모든 상처 부위에 딱지가 앉게 되 는데, 이때 상처 부위가 심하게 가려워 아기가 매우 불편해 한다(미국에서는 많은 부모들이 오트밀 목욕으로 증세를 완화시킨다). 수두가 의심되면 의사에게 문의 하고, 아기를 다른 아이들로부터 격리시킨다.

포경수술

포경수술은 음경의 포피를 제거하는 수술로, 보통 출생 1~2일 후 병원에서 이뤄진다. 대부분의 경우 포경수술을 시켜야 할 의학적인 이유는 없다. 그 러나 포경수술을 하면 어린 아이의 경우 음경의 청결을 유지하기가 쉽고, 일부 연구에 따르면 포경수술로 인해 감염, HIV, 음경암의 위험도 줄어든 다고 한다. 어떤 아기의 경우는 자라서까지 포피가 접히지 않아 포경수술을 할 필요가 없는 경우도 있다.

포경수술 후에는 감염되지 않도록 적절히 관리해야 한다.

1 물을 피한다. 포경수술을 한 부위가 완전히 아물 때까지는 음경을 물로 씻기지 않도록 한다. 부드러운 헝겊으로 살살 닦아 준다.

2 배리어 크림을 발라 준다. 기저귀에서 음경이 닿는 부분에 넉넉한 양을 펴 바른다. 이렇게 하면 귀두가 기저귀에 붙지 않고 수술 부위를 건조하게 유지할 수 있다. 기저귀를 갈아 줄 때마다 배리어 크림을 발라 준다.

3 출혈이 있거나 감염되지 않았는지 음경을 잘 살핀다. 수술 부위가 나을 때까지 손대지 않는다. 피나 고름이 나는지 본다. 감염이 의심되면 의사에게 문의한다.

누관 막힘

누관이 막히면 감염으로 이어질 수 있다. 전염성은 아니며, 보통 생후 9개월 정도가 되면 저절로 해결된다.
누관이 막히면 점액질의 눈곱이 자주 낀다(한쪽 눈에만 끼는 경우가 많다). 누관 막힘이 의심되면 부드러운 천을 따뜻한 물에 적셔 눈곱을 닦아 준다. 의사에게 문의하면 항생 안약을 처방받을 수 있다.

배앓이

배앓이는 아기를 고통스럽게 만든다. 배앓이의 구체적인 원인은 알려져 있지 않지만, 생후 2~3개월이 지나면 이 증상은 거의 나타나지 않는다.
배앓이를 하는 경우 아기가 자주 깨고, 심하게 울고, 가스 때문에 불편해한다. 아기가 계속 배앓이를 하면 의사와 상담해 가스 생성 억제제를 처방받을 수도 있다. 다음의 방법도 고려해 볼 수 있다.

1 아기를 달래 준다. 두 사람이 10분 단위로 교대한다. 아기를 앞뒤, 좌우로 흔들어 주거나 걸음마를 시키면 아기의 주의를 분산시킬 수 있다. 아기 띠로 아기를 안아 주거나 차에 태워 드라이브하는 방법도 있다.

2 아기의 배를 살짝 눌러 준다. 가스를 배출하는 데 도움이 된다. 엄마의 한 쪽 팔 위에 아기가 다리를 벌리고 올라앉게 한다. 또는 의자나 소파에 비스 듬히 기대고 아기를 안아 아기의 배가 엄마의 갈비뼈에 닿게 한다.

3 모유 수유 중이라면 엄마가 양배추, 콩, 우유, 카페인이 함유된 음료처럼 가스를 발생시키는 음식을 피한다.

전문가 한마디

부모들마다 배앓이에 대처하는 나름의 방법을 가지고 있다. 아기를 마사지해 주고 따뜻한 물로 목욕시키는 것이 효과적이라고 말하는 엄마들도 있고, 젖 먹이는 횟수 를 늘리는 것이 좋다고 하는 엄마들도 있다. 필요할 경우 의사와 상의한다.

코막힘

아기의 콧구멍이 콧물로 막힐 경우 대개 감기나 코막힘 증상이 나타난다. 알레르기인 경우 나타나며, 이가 날 때도 코막힘 증상이 나타난다. 코막힘 이 있으면 관련된 증상을 없애야 한다.

1 아기가 맑은 콧물을 흘릴 경우 2단계로 넘어간다. 코딱지가 생겼을 경우 에는 병원에서 천연 생리 식염수를 처방받아 사용하면 코막힘을 완화할 수 있다.

- 천연 생리 식염수를 한쪽 콧구멍에 한 방울씩 떨어뜨린다.
- 아기가 울기 시작할 것이다. 울음을 그칠 때까지 기다린다.

2 콧물흡입기를 사용해 아기의 콧구멍에서 콧물을 빼낸다.

- 동그란 부분을 손으로 누른다.
- 한쪽 콧구멍에 관을 넣는다.

■ 동그란 부분을 놓는다.
■ 관을 뺀다.
■ 수건이나 티슈로 관 속의 콧물을 빼낸다.
■ 다른 쪽 콧구멍에도 똑같이 한다.

3 부드러운 헝겊이나 티슈로 아기의 코를 닦아 준다. 코 주위에 로션을 발라 피부가 쓸리는 것을 막는다.

4 잠잘 시간이 되면 카시트를 안으로 들여와 아기를 앉히고 벨트를 채워 준다. 몸을 받쳐 주는 곳에서 자면 코막힘 완화에 도움이 된다.

변비

변비는 아기의 규칙적인 배변 활동이 방해를 받는 상태를 말한다. 변비는 끊임없이 지속될 수도 있지만, 적절히 치료하면 보통 심각하지 않다.
변비에 걸리면 딱딱한 변을 드문드문 보거나, 아주 많은 양의 변을 한꺼번에 보기도 하며, 오랫동안(5일 이상) 대변을 보지 않기도 한다. 아기가 변비에 걸린 것으로 의심되면 의사에게 문의한다. 다음의 방법을 시도해 볼 수도 있다.

1 아기의 체온을 잰다(p.204 참고). 체온계가 아기의 장에 자극을 줄 수도 있으니 주의한다.

2 글리세린 좌약을 삽입한다. 좌약은 대부분의 약국에서 판매한다. 아기의 항문에 좌약을 절반 정도 넣은 다음 기저귀를 다시 채운다. 30분 이내에 효과가 나타난다.

3 물을 충분히 먹여 대변이 부드러워지게 한다. 아기 체중 900g당 하루에 90㎖ 정도의 물을 먹인다.

4 아기가 먹는 음식을 조절한다. 바나나, 콩, 쌀 등 변비를 유발할 수 있는 식품을 줄이거나 피한다.

5 분유를 먹일 경우, 변비가 해소될 때까지 철분이 적게 든 분유나 두유 성분의 소이 분유로 바꾸어 먹인다. 일부 분유에 많이 함유된 철분은 변을 딱딱하게 만든다.

유아 지방관

유아 지방관은 아기의 두피에 나타나는 피부 질환이다. 두피에 노란색 각질이 생기며 얼굴까지 번지기도 한다. 아기가 3개월 정도가 되면 보통 없어지게 마련이다.
유아 지방관이 의심되면 의사에게 문의한다. 다음의 방법도 유아 지방관을 치료하는 데 도움이 된다.

1 아기의 두피에 올리브 오일을 발라 준다. 반드시 화학물질이 들어 있지 않은 천연 오일을 사용하고, 샴푸로 감기기 전에 발라 20초 동안 오일로 두피를 마사지해 준다.

2 아기의 머리를 순한 아기용 비듬 방지 샴푸로 하루에 한 번 감긴다. 올리브 오일을 완전히 씻어 내려면 두 번 감겨야 하는 경우도 있다. 두 번째 감길 때는 순한 아기용 샴푸를 사용한다.

3 눅눅해진 각질을 빗으로 빗어 낸다. 부드러운 아기용 빗을 사용한다.

크룹

크룹은 아기의 후두에 발생하는 바이러스성 질환이다. 크룹의 증상은 첫째 날 잠에 가장 심하게 나타나며, 며칠이 지나면 사라진다.
크룹에 걸리면 기침을 심하게 하고, 목이 쉬고, 쌕쌕거리는 소리(숨을 들이쉴 때 헐떡이는 것)를 내며, 열이 나고, 숨을 가쁘게 쉬고, 안색이 좋지 않으며, 무기력한 모습을 보인다.

아기가 크룹에 걸린 것 같으면 의사에게 문의한다. 온도를 조절해 주면 증세 완화에 도움이 된다. 수증기가 찬 욕실 안에서 아기를 안고 있거나, 짧은 시간 동안 밤공기를 쐬게 해 준다.

자상

날카로운 물체에 피부를 베인 것을 의미한다. 자상이 아물려면 보통 7~10일 정도 걸린다. 2차 감염이 될 경우 아무는 기간이 오래 걸릴 수도 있다.

베인 부위가 감염되었을 경우에는 출혈, 붉어짐, 부풀어 오름 등의 증상이 있고, 베인 곳 주변에서 진물이 나온다. 아기가 자상을 입은 부위에 감염이 의심되거나 피가 멈추지 않으면 의사와 상의한다.

1 순한 비누를 물에 풀어 상처 부위를 씻긴다. 더 이상 피가 나지 않으면 상처 부위를 공기 중에서 말리고 3단계로 넘어간다.

2 출혈이 계속되면 직접 압박을 가한다. 깨끗하고 부드러운 거즈 패드를 사용해 상처 부위를 가볍게 누르면서 주변 피부도 함께 압박한다. 몇 분이 지난 뒤 출혈이 멈추었는지 확인한다.

3 상처 부위에 소량의 항생 연고를 발라 준다.

4 일회용 반창고를 붙이고, 반창고가 떨어지지 않도록 하루 종일 잘 살핀다. 헐거워진 반창고가 아기의 목에 걸릴 위험이 있다.

5 반창고를 매일 갈아 준다. 흐르는 물에 담갔다가 떼거나 목욕시킬 때 떼어 내면 접착제 성분이 약해져 덜 아프게 뗄 수 있다. 상처가 나을 때까지 전 단계를 되풀이한다.

탈수

탈수는 수분을 섭취하고 배출하는 체내 시스템에 불균형이 생겨 발생한다. 받아들이는 것보다 더 많은 수분을 배출하는 것이다. 탈수 현상은 아기의 수분 수준이 다시 균형을 찾을 때까지 계속된다.

탈수가 일어나면 소변보는 횟수가 줄고(기저귀 젖는 횟수가 하루에 3~4회 미만), 눈물을 거의 또는 전혀 흘리지 않으면서 울고, 체중이 줄고, 입술이 트는 등의 증상을 보인다. 모유 수유를 할 때는 젖 먹이는 횟수나 시간을 늘리고, 젖병 수유를 할 때는 소아과에서 처방받은 전해질 용액을 먹인다. 증상이 계속 되면 의사에게 문의한다.

설사

설사는 아기 대변의 농도와 배변 빈도가 모두 바뀌는 상태를 말한다. 세균이나 바이러스에 의해 일어나며, 보통 5~7일 동안 지속된다.

설사를 하면 배변 빈도가 늘어나고 변의 농도는 물과 같은 상태가 된다. 변의 냄새도 보통 때보다 심하다. 아기가 설사를 하는 것으로 의심되거나 대변에서 혈액이나 점액이 보이면 의사에게 문의한다.

1 기저귀를 자주 갈아 주는 동안 엉덩이가 짓무르지 않도록 기저귀를 갈 때 면수건과 따뜻한 물을 사용한다.

2 가벼운 음식을 주고 수분 섭취를 늘려 준다. 분유를 먹일 경우에는 물에 타는 분유의 양을 절반으로 줄인다. 젖병에 물을 담아 아기에게 먹이거나 소아과에서 처방해 준 전해질 용액을 먹인다. 모유 수유를 하는 엄마들은 젖 먹이는 횟수나 시간을 늘려 아기 몸의 수분을 유지시킨다.

3 탈수 증세가 나타나지 않는지 주의를 기울인다.

4 아기의 식사에 요구르트를 조금 더해서 먹인다. 요구르트에 들어 있는 능

동 배양균이 규칙적인 배변에 도움을 줄 수 있다.

약물 알레르기

약물 알레르기는 특정 약물에 보이는 알레르기 반응을 말한다. 증상으로는 염증, 콧물, 호흡 곤란이 있다. 아기가 약물에 알레르기 반응을 보인다고 생각되면, 즉시 의사에게 문의해 약을 바꾸거나 디펜하이드라민으로 알레르기를 치료한다.

중이염

중이염은 중이가 바이러스나 세균에 감염되어 나타난다. 3~5일간 지속되고, 몇 주 이내에 재발하기도 한다. 중이염이 5일 이상 지속되면 의사와 상의한다.

중이염에 걸리며 아기는 심하게 울고, 귀를 잡아당기고, 자세를 바꿀 때 괴로워하며, 열이 난다. 아기에게 중이염이 의심되면 의사에게 문의한다.

중이염은 보통 항생제로 치료한다. 항생제는 가장 빠른 치료법으로 감염 증상이 퍼져 뇌수막염(p.223 참고) 같은 더 심각한 질병을 유발하는 것을 막아 준다. 아기마다 잘 맞는 항생제의 종류가 다르다. 아기가 어떤 항생제에 반응을 보일지 미리 알 수 없으므로, 몇 가지 항생제를 처방받아 어떤 것이 맞는지 알아본다.

항생제를 복용하는 동안에는 요구르트를 먹여 배 속 박테리아의 균형을 유지시킨다. 중이염을 치료하는 데 한 달이 꼬박 걸리는 경우도 흔하다.

 전문가 한마디
올리브 오일 한 방울로 잠시 동안 아기를 편하게 해 준다. 스포이트로 한쪽 귀에 올리브 오일을 한 방울씩 떨어뜨려 귓속으로 흘러 들어가게 한다. 병원에 데려가기 전까지 얼마간 아기를 달랠 수 있다.

발열

미열은 바이러스의 복제를 둔화시켜 아기의 상태가 더 나빠지는 것을 막기 때문에 아기에게 좋다고 이야기하는 의사들이 많다. 그렇기 때문에 아기의 체온이 38.5℃ 미만일 경우 치료를 권하지 않는다.

 주의
생후 3개월 미만인 아기의 체온이 38℃ 이상이면 의사에게 문의한다.

1 아기의 이마를 짚어 본다. 만져 보았을 때 따뜻하면 열을 잰다(p.204 참고).

2 열이 38.5℃~39.5℃이면 의사에게 문의한다. 열이 내릴 때까지 이부프로펜을 4시간마다 소량씩 먹인다. 복용 방법에 대해서는 의사와 상의한다.

3 열이 40℃ 이상이면 바로 의사에게 문의한다. 스펀지를 따뜻한 물에 적셔 아기의 몸을 닦아 주고, 소량의 이부프로펜을 4시간마다 먹인다. 따뜻한 물은 빠르게 증발하면서 찬물보다 열을 빨리 내려 준다. 열이 내리지 않으면 2차 감염을 의심해 봐야 한다.

방귀

아기의 장 속에 기포가 생겨 발생한다. 주로 젖을 먹을 때 발생하며, 자연적으로 배출된다. 가스가 차면 아기는 트림, 속 부글거림, 울음 등의 증상을 보이고, 무릎을 배 쪽으로 들어올린다.

방귀를 줄이려면 젖을 먹인 뒤 매번 트림을 시키고, 방귀가 나오기 쉬운 자세로 아기를 안아 준다(p.210 참고). 모유 수유 중이라면 콩이나 양배추처럼 가스를 발생시키는 식품을 엄마의 식단에서 빼는 것이 좋다. 병원에서 가스 발생 억제제를 처방해 주기도 한다.

딸꾹질

딸꾹질은 아기의 횡격막에 일시적인 이상이 생겨 발생하며, 신생아에게 매우 흔히 나타난다. 다음 요령으로 아기의 딸꾹질을 멎게 해 준다.

 주의
아기가 딸꾹질을 할 경우 어른에게 하듯이 딸꾹질을 멈추려 하면 안 된다. 아기의 숨을 멈추게 하는 것은 금물이다. 큰 소리로 아기를 놀라게 하는 것도 안 된다.

- 아기의 얼굴에 입김을 불어 준다. 그러면 아기가 빠르게 숨을 들이마시면서 횡격막의 움직임이 바뀔 수 있다.
- 젖을 먹인다. 규칙적으로 삼키고 호흡하면서 횡격막의 움직임이 바뀔 수 있다.
- 아기를 밖으로 데리고 나간다. 갑작스럽게 시원한 공기를 마시면 호흡 리듬이 바뀔 수 있다.

벌레 물림과 쏘임

벌레에 물리거나 쏘이는 것이 유일하게 위험한 경우는 아기가 심한 알레르기 반응을 보일 때다. 심각한 알레르기 반응으로는 복통, 구토, 호흡 곤란, 염증(벌레 물린 곳 외의 부위에 발생)이 있다. 이와 같은 반응이 나타나면 즉시 의사에게 문의한다. 물리거나 쏘인 부위에 나타나는 가려움증 같은 가벼운 증상은 냉찜질로 가라앉힐 수 있다. 최소 15분 동안 찜질해 주고, 아기가 움직이지 않으면 찜질을 계속한다.

 주의
아기에게 냉찜질을 해 주기 전에 엄마의 피부에 먼저 대 보아 온도를 확인한다. 얼음 팩을 피부에 직접 대는 것은 안 된다. 마른 수건으로 감싸서 댄다.

경기

보통 팔과 다리에 가벼운 근육 떨림이 일어나는 무의식적 신경 발작이다. 오한으로 잘못 생각하기도 한다. 신생아에게 흔히 나타나는 증상이며, 대개 3~6개월이면 없어진다. 경련이 유난히 심해 보이면 의사에게 문의한다.

유행성 결막염

유행성 결막염은 감염이나 알레르기에 의해 유발되며, 아기의 한쪽 눈 또는 양쪽 눈 모두에 생길 수 있다. 감염으로 발생한 경우는 전염성으로, 부모는 손을 자주 씻어야 한다. 적절히 치료해 주면 며칠 안에 없어진다.

유행성 결막염에 걸리면 안구가 충혈 되고, 눈꺼풀 안쪽이 빨갛게 되며, 감염 부위에서 녹황색의 분비물이 나온다. 아기가 눈을 비비려고 하면 못하게 한다. 아기를 포대기로 싸 주면 눈에 손이 가지 못하게 할 수 있다(p.52 참고). 유행성 결막염이 의심되면 다른 아기들로부터 격리시키고 의사에게 문의한다.

역류

역류는 아기의 식도와 위 사이의 판막이 제대로 닫히지 않아 위산이 식도를 타고 올라가면서 발생한다. 역류는 대개 아기가 태어난 지 몇 주 이내에 나타나며, 수개월 지속될 수 있다.

역류가 발생하면 젖을 삼키자마자 구토를 하고, 짜증을 내며, 자주 울고, 심한 복통이 있고, 등을 동그랗게 구부리는 증상을 보인다. 또 젖을 잠깐씩 자주 먹는다. 역류가 의심되면 의사에게 문의한다. 소아과에서는 제산제를 처방해 주기도 한다. 그 밖에 젖을 먹이고 난 뒤나 잠을 잘 때 아기를 세워서 안아주거나, 분유를 먹이는 경우 농도를 걸쭉하게 타서 주도록 조언하기도 한다.

이가 날 때

아기의 치아는 출생 전부터 자리 잡고 있다가 생후 6개월 중반이 지나면 저절로 잇몸에서 나온다. 아기는 이때 통증을 느끼게 된다.

아기는 이가 날 때 침을 흘리고, 딱딱한 물체를 물어뜯고, 밤에 잠에서 깨며, 불안해하고, 코막힘, 콧물, 설사, 미열 등의 증상을 보인다. 이때 부모가 해 줄 수 있는 일은 거의 없다. 낮잠 자는 횟수를 늘려 주고, 깨끗한 가제 수건을 얼려서 씹을 수 있게 하면 아기의 불편함을 조금이나마 줄일 수 있다. 병원에서 소량의 이부프로펜이나 국부 마취제를 처방받는 방법도 있다.

탯줄

출생 직후 아기의 배꼽에서 2.5~5cm 정도의 탯줄이 튀어나온다. 탯줄을 항상 건조하고 깨끗하게 유지하면 보통 2주 이내에 딱지가 되어 떨어진다. 탯줄이 감염되는 경우 응급 상황이다. 탯줄은 아기의 혈관과 직접 연결되어 있어 감염이 빠르게 확산된다.

탯줄이 감염되면 배꼽 주변이 빨갛게 되거나 부풀어 오르고, 고름 같은 분비물이 나오며, 발열 증세를 보인다. 아기의 탯줄이 감염된 것으로 의심되면 의사에게 문의해 아기를 입원시키거나 항생제를 처방받는다.

백신 접종 반응

병원에서 정기 예방 접종을 한 후 알레르기 또는 기타 반응을 일으키는 경우가 있다. 알레르기 반응을 보이는 것은 흔한 경우는 아니다. 대부분은 반응이 DTaP(디프테리아, 백일해, 파상풍) 주사를 맞고 나서 나타난다. 주사를 놓자마자 또는 그 직후에 반응이 나타나는데, 쉽게 치료할 수 있다.

DTaP(또는 기타 예방접종) 접종 반응 증상으로는 발열, 짜증, 접종 부위의 부풀어 오름 또는 붉어짐, 과민성 쇼크(염증, 호흡 곤란이나 호흡 이상이 동반되는 심각한 반응) 등이 있다. 아기에게 백신 접종 반응이 나타내는 경우, 특히 호흡에 문제가 있으면 즉시 119 응급 센터에 연락한다. 증세가 심각하지 않으면 소아과에 문의해도 된다.

가벼운 증상은 다음의 방법으로 완화시켜 준다.

1 의사와 상의한다. 발열 증세와 가벼운 통증을 치료하기 위해 이부프로펜을 추천해 줄 것이다.

2 접종 부위에 차가운 찜질팩이나 따뜻한 찜질팩을 올려놓는다. 따뜻한 찜질팩을 좋아하는 아기도 있고, 차가운 찜질팩을 더 좋아하는 아기도 있다. 두 가지 모두 사용해 보고 아기에게 잘 맞는 것으로 정한다. 아기의 피부가 다치지 않도록 찜질팩을 대기 전에 온도를 먼저 확인한다.

 전문가 한마디
병원에서는 예방 접종을 위해 정기적인 방문 일정을 알려 준다. 일반적으로 생후 2, 4, 6, 12개월마다 방문하라고 한다. 아기의 통증을 최소한으로 줄여 주기 위해 병원에 가기 30분 전, 그리고 접종 후 24시간 동안 적정량의 이부프로펜을 먹인다.

구토

음식을 받아들이지 못하거나 위장에 탈이 나면 아기가 위 속 내용물을 입으로 배출하기도 한다. 또는 역류, 두부 손상, 뇌수막염(p.223 참고)에 걸렸을 경우에도 구토 증상이 나타난다. 원인과 상태에 따라 구토가 지속되는 기간도 달라진다. 아기가 구토를 하면 의사와 상의하고, 탈수 치료법(p.215 참고)대로 한다.

유아 돌연사증후군(SIDS)으로부터 아기 보호하기

유아 돌연사증후군(SIDS)은 건강하던 아기가 예기치 못하게 사망하게 사망하는 것으로, 다른 말로 '요람사'라고도 한다. SIDS의 원인은 알려지지 않았지만, 미국 SDIS 연구소, 유아사망연구재단 등의 기관에서 SIDS의 위험을 줄일 수 있는 가이드라인을 정한 바 있다. 병원에서는 SIDS의 위험을 줄이기 위해 다음과 같은 방법을 권한다.

■ 아기를 반듯이 눕혀 재운다.
■ 아기를 딱딱한 매트리스 위에서 재운다.
■ 봉제 인형, 베개, 두꺼운 이불을 아기의 잠자리에서 치운다. 가벼운 이불을 아기의 배까지 덮어 주고 팔은 이불 위로 나오게 한다.
■ 옷을 너무 많이 입히지 말고, 아기 방 온도를 쾌적하게 맞춘다(20~22℃).
■ 모유 수유를 한다.
■ 아기가 담배 연기를 맡지 않게 한다.
■ 방문객들에게 아기를 만지기 전에 손을 씻어 달라고 부탁한다.
■ 호흡기가 감염된 방문객으로부터 아기를 떨어뜨려 놓는다.
■ 깨어 있는 동안 아기를 엎드린 자세로 둔다.

 주의
유아 돌연사증후군의 위험은 생후 1~4개월 사이에 가장 높다. 아기가 미숙아이거나, 자궁 내에서 규정되지 않은 약물에 노출되었거나, SIDS로 사망한 형제자매가 있을 경우에도 위험이 커진다.

심각한 질병 알기

모든 부모들은 뇌수막염, 폐렴, 경련, 호흡기 세포융합 바이러스(RSV)의 증상을 알아볼 수 있어야 한다. 아기가 이러한 증상을 보이면 아래의 설명을 따르고, 의사에게 즉시 문의한다.

 전문가 한마디
직감을 믿는다. 아기에게 뭔가 심각한 문제가 있다는 느낌이 들면 주저 없이 병원에 연락한다.

뇌수막염
뇌와 척수를 감싸고 있는 수막이 바이러스나 세균에 감염될 경우 아기가 뇌수막염에 걸린다. 뇌수막염은 장기적으로 건강에 영향을 미치거나 신경 발달을 방해하기도 한다. 대부분의 경우 치료가 가능하며 완치되기도 한다. 뇌수막염의 증상으로는 발열, 짜증, 무기력, 구토, 발작이 있으며 뇌압의 증가로 인해 숫구멍이 부풀기도 한다. 뇌수막염이 의심되면 의사에게 문의하거나 즉시 병원에 간다.

폐렴
폐가 바이러스나 세균에 감염되면 아기가 폐렴에 걸린다. 폐렴은 폐의 공기주머니인 폐포에 발생하며, 일반적인 감기가 폐렴으로 발전할 수도 있다. 그러나 대부분 완치된다.
폐렴에 걸리면 기침, 발열, 가쁜 호흡(1분당 호흡 횟수가 30~40회 이상) 등의 증상이 나타나고, 갈비뼈 사이 피부가 움푹 꺼진 것처럼 보인다. 아기가 폐렴에 걸린 것으로 의심되면 의사에게 문의하거나 즉시 병원에 간다.

경련
경련은 비정상적인 뇌파가 신경근을 자극했을 때 나타난다. 경련의 원인은 뇌수막염, 대사 불균형, 두부 손상, 선천적 기형, 발열 등 그 종류가 다양하다. 그렇지만 경련은 대부분 특발성 질환으로, 원인을 꼭 집어서 이야기하기는 힘들다.

경련을 일으키게 되면 아기는 30초~10분에 이르는 긴 시간 동안 팔다리를 통제할 수 없을 정도로 떤다. 경련을 일으키는 동안이나 경련이 멈춘 뒤에 구토를 하거나, 자기도 모르게 대소변을 보거나, 잠에 빠질 수도 있다.

경련을 치료하려면 아기의 몸을 옆으로 돌려서 안는다. 이렇게 하면 구토를 할 때 질식을 예방할 수 있다. 기도 확보를 위해 아기의 입에는 아무 것도 넣지 않는다. 경련이 멈추면 병원에 문의한다.

 주의
발작이 2분 이상 지속되거나 아기의 호흡을 방해하는 것 같으면 즉시 119 또는 응급 의료진에 연락한다.

호흡기 세포 융합 바이러스(RSV)

호흡기 세포 융합 바이러스(RSV)는 폐가 세균에 감염되는 것으로, 폐포가 아닌 기도가 감염되어 발생한다. RSV는 대부분 생후 1년 미만의 아기가 많이 걸린다. RSV는 아기와 성인 모두에게 전염된다.

RSV의 증상으로는 기침, 가쁜 호흡(1분당 호흡 횟수 30~40회 이상), 발열, 쌕쌕거림 등이 있다. 아기가 RSV에 걸린 것으로 의심되면 즉시 의사에게 문의한다.

아기용 구급상자에 보관할 용품들

- 붕대, 테이프, 패드
- 살균 거즈 붕대, 끈
- 솜
- 면봉
- 압박 붕대
- 수술용 테이프
- 디지털 체온계
- 가위
- 핀셋
- 약 먹이기용 스포이트
- 손전등과 예비 배터리
- 여분의 포대기
- 소독용 크림
- 항생 연고
- 칼라민 로션

- 화상용 스프레이 또는 연고
- 히드로코르티손 크림(1% 미만)
- 배리어 크림
- 비누
- 깨끗한 물 한 병
- 이부프로펜 또는 아세트아미노펜
- 디펜하이드라민 또는 항히스타민제
- 충혈 완화제
- 기침 억제제
- 아기의 상태에 따라 필요한 기타 의약품
- 심폐소생술(CPR)과 하임리히 요법 설명서
- 맹독 치료 약품 또는 치료 세트
- 비상 전화 번호 목록
- 살균된 물티슈

■ 지은이

루이스 보르제닉트(Louis Borgenicht) 미국에서 소아과 전문의로, 솔트레이크 시티에서 16년째 활동하고 있다. 유타대 의과 대학 조교수이기도 하며, '사회적 책임을 다하는 의사회' 이사회에서 활동 중이다. 2002년 레이디스 홈 저널 선정 '유타 주 최고의 소아과 의사'로 뽑히기도 했다. 남편의 긴급호출이 이제 겨우 익숙해진 아내 조디와 함께 살고 있다.

조 보르제닉트(Joe Borgenicht) 아버지에게 전화를 걸어 조언을 구하는 초보 아빠다. 작가이자 사업가(www.rulegolf.com)로,《액션 영웅의 핸드북(Action Hero's Handbook)》,《액션 여걸의 핸드북(Action Heroine's Handbook)》,《언더커버 골프(Undercover Golf)》의 공동 저자다. 아내 멜라니, 열 살 가까이 되어도 왕성한 활동력을 자랑하는 두 아들 조나, 엘리와 함께 솔트레이크 시티에 살고 있다.

■ 옮긴이

이혜정 숭실대학교 영어영문학과를 졸업하고 한국외국어대학원대학교 통번역대학원에서 한영통번역학을 전공했다. 방송 프로그램 번역 및 국제 컨퍼런스 통역 활동을 하면서 전문 번역가로 일하고 있다.

■ 일러스트레이터

폴 케를(Paul Kepple), 주드 버펌(Jude Buffum) 필라델피아의 디자인 스튜디오 '헤드케이스 디자인'으로 더 잘 알려진 두 사람은 〈커뮤니케이션 아트(Communication Arts)〉, 〈프린트(Print)〉 등의 디자인 전문지에 다수의 작품을 게재했다. 폴 케플은 1998년 헤드케이스 디자인을 열기 전 출판사 '러닝 프레스 북 퍼블리셔'에서 수년간 근무했다. 현재 두 사람 모두 모교인 템플대 타일러 스쿨 오브 아트에서 강의하고 있다. 주드가 아기였을 때 부모님은 그를 한없이 재우곤 했다고 한다. 한편 폴의 부모님은 아기의 머리카락이 자라지 않아 이를 제품의 '불량'처럼 여기고 수차례 '반품'하려 했다고 한다.

초보 엄마 육아 대백과

지 은 이 루이스 보르제닉트, 조 보르제닉트
옮 긴 이 성윤아

기   획 임두빈
펴 낸 이 윤석진
총괄영업 김승헌

발 행 일 1판 1쇄 2018년 2월 28일

펴 낸 곳 도서출판 작은우주
출판등록일 2014년 7월 15일 (제25100-2104-000042호)

전   화 070-7377-3823
팩   스 0303-3445-0808
주   소 경기도 고양시 일산동구 위시티4로 45, 403-1302
이 메 일 book-agit@naver.com

＊ 북아지트는 작은우주의 성인단행본 브랜드입니다.

이 책에는 네이버에서 제공한 나눔글꼴이 적용되어 있습니다.

THE BABY OWNER'S MANUAL
by Louis Borgenicht, M.D. and Joe Borgenicht

Text copyright © 2003, 2012 by Quirk Productions, Inc.
Second Edition 2012.
Illustrations copyright © 2003, 2012 by Headcase Design.
All rights reserved.
First published in English by Quirk Books, Philadelphia, Pennsylvania.

Korean Translation Copyright © 2018 by Little Cosmos
Korean edition is published by arrangement with Quirk Productions, Inc. with BC
Agency, Seoul.

| CONTENTS

출생 기록 카드

엄마	이름	
아빠	이름	
주소		
동호수		우편번호

출산 예정일 ⬜⬜⬜⬜ / ⬜⬜ / ⬜⬜

연　　　　월　　　일

아기 이름

성	이름	태명

아기 신체 치수

몸무게	키	머리 둘레	아프가 점수

출생 병원

주치의

생식기	머리카락 ○ 있다 ○ 없다	있다면 색깔은? ○ 검은색 ○ 갈색
○ 남 　　 ○ 여	눈	○ 검은색 　　 ○ 갈색
	기타 특징	

아기가 태어났을 때 엄마의 느낌

아기가 태어났을 때 아빠의 느낌

태어날 아기의 형제 자매는?

이름	나이	이름	나이
이름	나이	이름	나이

머리	
	**머리** | 갓난아기의 머리는 처음에는 비정상적으로 커 보이고, 원뿔형으로 뾰족하게 생긴 경우도 있다. 머리 모양은 아기마다 다르며 출산 방법에 따라서도 달라진다. 원뿔형 머리는 생후 4주에서 8주 정도 지나면 점차 둥근 모양이 된다.
	머리 둘레 | 신생아의 평균 머리 둘레는 35cm이다. 32cm부터 37cm까지는 정상 범위에 속한다.

머리카락 | 태어났을 머리카락이 있는 아기도 있고, 없는 아기도 있다.

천문(대천문과 소천문) | '숫구멍'이라고도 한다. 천문은 아기의 두개골 사이 뼈가 아직 완전히 자리지 않은 부분에 나 있는 두 개의 구멍이다. 천문에는 절대로 압력을 가해서는 안 된다. 생후 1년 정도 지나면 천문은 완전히 닫힌다.

눈 | 동양인 아기의 눈은 보통 짙은 검은색인데 간혹 갈색을 띠는 경우도 있다. 백인 아기의 경우 푸른색 또는 회색빛을 띠며 흑인은 대부분 검은색이다. 홍채의 색깔은 첫 몇 달 동안 여러 번 바뀔 수 있다. 생후 9개월에서 12개월 정도 지나면 눈 색깔이 정해진다.

목 | 갓 태어난 아기는 스스로 목을 가누지 못한다. 이것은 신체적 결함이 있어서 그런 것이 아니다. 2개월에서 4개월 정도 지나면 점차 목을 가눌 수 있게 된다.

운데 어느 하나라도 문제가 있다거나 잘못되었다면 곧바로 소아과에 문의한다.

몸통

피부 | 아기의 피부는 세탁하지 않은 새 옷에 남아 있는 화학물질에 매우 민감하다. 또한 일반 세제에 함유된 화학물질에도 민감하게 반응한다. 화학물질이 첨가되지 않은 무향의 세제로 바꾸는 것을 고려해 본다.

탯줄 | 탯줄은 몇 주가 지나면 딱지가 되어 저절로 떨어진다. 감염되지 않고 건강한 배꼽으로 자리 잡을 수 있도록 청결하고 습하지 않게 관리해야 한다.

항문 | 아기의 변이 배출되는 곳, 항문에 체온계를 삽입해서 체온을 재기도 한다. 정상 체온은 섭씨 37℃ 정도다.

생식기 | 생식기가 약간 부풀어 보이는 것이 정상이다. 아기의 생식기는 앞으로의 크기나 모양에 영향을 미치지 않는다.

솜털 | 대부분의 신생아들은 어깨나 등에 보송보송한 솜털이 덮여 있다. 솜털은 몇 주 지나면 없어진다.

몸무게 | 갓 태어난 아기의 몸무게는 평균 3.4kg 정도 된다. 대부분의 아기가 2.5kg에서 4.5kg 사이다.

키 | 갓 태어난 아기의 키는 평균 50cm 정도 된다. 대부분의 아기가 45cm에서 55cm 사이다.

아기의 방광 기능

요일	월	날짜	소변 본 횟수
일요일			
월요일			
화요일			
수요일			
목요일			
금요일			
토요일			
일요일			
월요일			
화요일			
수요일			
목요일			
금요일			
토요일			
일요일			
월요일			
화요일			
수요일			
목요일			
금요일			
토요일			

요일	월	날짜	소변 본 횟수
일요일			
월요일			
화요일			
수요일			
목요일			
금요일			
토요일			
일요일			
월요일			
화요일			
수요일			
목요일			
금요일			
토요일			
일요일			
월요일			
화요일			
수요일			
목요일			
금요일			
토요일			

아기의 장 기능

날짜	시간	변의 색깔	농도	배변
				○ 원활 ○ 변비
				○ 원활 ○ 변비
				○ 원활 ○ 변비
				○ 원활 ○ 변비
				○ 원활 ○ 변비
				○ 원활 ○ 변비
				○ 원활 ○ 변비
				○ 원활 ○ 변비
				○ 원활 ○ 변비
				○ 원활 ○ 변비
				○ 원활 ○ 변비
				○ 원활 ○ 변비
				○ 원활 ○ 변비
				○ 원활 ○ 변비
				○ 원활 ○ 변비
				○ 원활 ○ 변비
				○ 원활 ○ 변비
				○ 원활 ○ 변비
				○ 원활 ○ 변비
				○ 원활 ○ 변비
				○ 원활 ○ 변비
				○ 원활 ○ 변비

날짜	시간	변의 색깔	농도	배변
				○ 원활 ○ 변비
				○ 원활 ○ 변비
				○ 원활 ○ 변비
				○ 원활 ○ 변비
				○ 원활 ○ 변비
				○ 원활 ○ 변비
				○ 원활 ○ 변비
				○ 원활 ○ 변비
				○ 원활 ○ 변비
				○ 원활 ○ 변비
				○ 원활 ○ 변비
				○ 원활 ○ 변비
				○ 원활 ○ 변비
				○ 원활 ○ 변비
				○ 원활 ○ 변비
				○ 원활 ○ 변비
				○ 원활 ○ 변비
				○ 원활 ○ 변비
				○ 원활 ○ 변비
				○ 원활 ○ 변비
				○ 원활 ○ 변비

수유 기록

날짜	먹기 시작한 시간	먼저 먹인 쪽	먹인 시간
		○ 왼쪽 ○ 오른쪽	왼쪽 _____ 오른쪽 _____
		○ 왼쪽 ○ 오른쪽	왼쪽 _____ 오른쪽 _____
		○ 왼쪽 ○ 오른쪽	왼쪽 _____ 오른쪽 _____
		○ 왼쪽 ○ 오른쪽	왼쪽 _____ 오른쪽 _____
		○ 왼쪽 ○ 오른쪽	왼쪽 _____ 오른쪽 _____
		○ 왼쪽 ○ 오른쪽	왼쪽 _____ 오른쪽 _____
		○ 왼쪽 ○ 오른쪽	왼쪽 _____ 오른쪽 _____
		○ 왼쪽 ○ 오른쪽	왼쪽 _____ 오른쪽 _____
		○ 왼쪽 ○ 오른쪽	왼쪽 _____ 오른쪽 _____
		○ 왼쪽 ○ 오른쪽	왼쪽 _____ 오른쪽 _____
		○ 왼쪽 ○ 오른쪽	왼쪽 _____ 오른쪽 _____
		○ 왼쪽 ○ 오른쪽	왼쪽 _____ 오른쪽 _____
		○ 왼쪽 ○ 오른쪽	왼쪽 _____ 오른쪽 _____
		○ 왼쪽 ○ 오른쪽	왼쪽 _____ 오른쪽 _____
		○ 왼쪽 ○ 오른쪽	왼쪽 _____ 오른쪽 _____
		○ 왼쪽 ○ 오른쪽	왼쪽 _____ 오른쪽 _____
		○ 왼쪽 ○ 오른쪽	왼쪽 _____ 오른쪽 _____
		○ 왼쪽 ○ 오른쪽	왼쪽 _____ 오른쪽 _____
		○ 왼쪽 ○ 오른쪽	왼쪽 _____ 오른쪽 _____
		○ 왼쪽 ○ 오른쪽	왼쪽 _____ 오른쪽 _____
		○ 왼쪽 ○ 오른쪽	왼쪽 _____ 오른쪽 _____

날짜	먹기 시작한 시간	먼저 먹인 쪽	먹인 시간
		○ 왼쪽 ○ 오른쪽	왼쪽 _____ 오른쪽 _____
		○ 왼쪽 ○ 오른쪽	왼쪽 _____ 오른쪽 _____
		○ 왼쪽 ○ 오른쪽	왼쪽 _____ 오른쪽 _____
		○ 왼쪽 ○ 오른쪽	왼쪽 _____ 오른쪽 _____
		○ 왼쪽 ○ 오른쪽	왼쪽 _____ 오른쪽 _____
		○ 왼쪽 ○ 오른쪽	왼쪽 _____ 오른쪽 _____
		○ 왼쪽 ○ 오른쪽	왼쪽 _____ 오른쪽 _____
		○ 왼쪽 ○ 오른쪽	왼쪽 _____ 오른쪽 _____
		○ 왼쪽 ○ 오른쪽	왼쪽 _____ 오른쪽 _____
		○ 왼쪽 ○ 오른쪽	왼쪽 _____ 오른쪽 _____
		○ 왼쪽 ○ 오른쪽	왼쪽 _____ 오른쪽 _____
		○ 왼쪽 ○ 오른쪽	왼쪽 _____ 오른쪽 _____
		○ 왼쪽 ○ 오른쪽	왼쪽 _____ 오른쪽 _____
		○ 왼쪽 ○ 오른쪽	왼쪽 _____ 오른쪽 _____
		○ 왼쪽 ○ 오른쪽	왼쪽 _____ 오른쪽 _____
		○ 왼쪽 ○ 오른쪽	왼쪽 _____ 오른쪽 _____
		○ 왼쪽 ○ 오른쪽	왼쪽 _____ 오른쪽 _____
		○ 왼쪽 ○ 오른쪽	왼쪽 _____ 오른쪽 _____
		○ 왼쪽 ○ 오른쪽	왼쪽 _____ 오른쪽 _____
		○ 왼쪽 ○ 오른쪽	왼쪽 _____ 오른쪽 _____
		○ 왼쪽 ○ 오른쪽	왼쪽 _____ 오른쪽 _____
		○ 왼쪽 ○ 오른쪽	왼쪽 _____ 오른쪽 _____

수면 체크 카드

시간	월요일	화요일	수요일	목요일	금요일	토요일	일요일	월요일	화요일	수요일	목요일	금요일	토요일
11:30 P.M.													
11:00 P.M.													
10:30 P.M.													
10:00 P.M.													
09:30 P.M.													
09:00 P.M.													
08:30 P.M.													
08:00 P.M.													
07:30 P.M.													
07:00 P.M.													
06:30 P.M.													
06:00 P.M.													
05:30 P.M.													
05:00 P.M.													
04:30 P.M.													
04:00 P.M.													
03:30 P.M.													
03:00 P.M.													
02:30 P.M.													
02:00 P.M.													
01:30 P.M.													
01:00 P.M.													
12:30 P.M.													
12:00 P.M.													
11:30 A.M.													
11:00 A.M.													
10:30 A.M.													
10:00 A.M.													
09:30 A.M.													
09:00 A.M.													
08:30 A.M.													
08:00 A.M.													
07:30 A.M.													
07:00 A.M.													
06:30 A.M.													
06:00 A.M.													
05:30 A.M.													
05:00 A.M.													
04:30 A.M.													
04:00 A.M.													
03:30 A.M.													
03:00 A.M.													
02:30 A.M.													
02:00 A.M.													
01:30 A.M.													
01:00 A.M.													
12:30 A.M.													
12:00 A.M.													

	일요일	월요일	화요일	수요일	목요일	금요일	토요일	일요일	월요일	화요일	수요일	목요일	금요일	토요일
:30 P.M.														
:00 P.M.														
:30 P.M.														
:00 P.M.														
:30 P.M.														
:00 P.M.														
:30 P.M.														
:00 P.M.														
:30 P.M.														
:00 P.M.														
:30 P.M.														
:00 P.M.														
:30 P.M.														
:00 P.M.														
:30 P.M.														
:00 P.M.														
:30 P.M.														
:00 P.M.														
:30 P.M.														
:00 P.M.														
:30 P.M.														
:00 P.M.														
:30 A.M.														
:00 A.M.														
:30 A.M.														
:00 A.M.														
:30 A.M.														
:00 A.M.														
:30 A.M.														
:00 A.M.														
:30 A.M.														
:00 A.M.														
:30 A.M.														
:00 A.M.														
:30 A.M.														
:00 A.M.														
:30 A.M.														
:00 A.M.														
:30 A.M.														
:00 A.M.														
:30 A.M.														
:00 A.M.														

정기 건강검진

아기의 건강 상태를 모든 면에서 최상으로 유지해 주려면 주기적으로 건강검진을 해야 한다. 다음의 월령별 체크리스트는 정상 또는 평균적인 상태에서 아기의 건강을 관리하고 향상시켜 주기 위한 것이다. 아기의 건강 상태나 부모의 생활 방식에 따라 의사가 권하는 검진 일정이 달라질 수 있다.

예방접종 실시 일정은 아기의 월령에 따라 달라진다. 의사와 상의하여 아기에게 가장 적합한 일정을 짜도록 한다.

다음에 이어지는 표는 신생아, 생후 3~5일, 2개월, 4개월, 6개월, 9개월, 12개월 등 시기별로 구분된 검진 표이다. 아기의 건강검진은 15개월, 18개월, 24개월, 48개월, 60개월에 한 번씩 병원에서 받는 것이 받는 것이 좋다. 예방접종 일정은 이전 접종 시기에 따라 정하고, 접종 기록을 근거로 의사가 정해 준다.

전문가 한마디

여러 저명한 연구한 따르면 MMR(홍역, 유행성 이하선염, 풍진)과 자폐증 사이에는 아무런 연관이 없다. 1998년 영국에서 실시한 최초 연구에는 둘 사이의 연관성이 약해지고 있다. 신생아의 예방접종 일정은 대한소아과학회 홈페이지(www.pediatrics.or.kr)에서 확인할 수 있다.

신생아(생후 0~2일)

연령 _____

생년월일 _____

이름 _____

■ 검진 기록– 해당 사항 없음
■ 신체 지수

      키 _____

      몸무게 _____

      머리 둘레 _____

      혈압 _____ / _____

■ 감각기능

      시각(정상/비정상)

      청각(정상/비정상)

■ 발달 상태(정상/비정상)
■ 신체 기능
■ 체내 수분 상태

      혈액 검사

■ 예방접종

      B형 간염 : 1차 접종

■ 메모 _____

정기검진일 _____

생후 3-5일

연령 _____

생년월일 _____

이름 _____

■ 검진 기록
■ 신체 지수

키 _____

몸무게 _____

머리 둘레 _____

혈압(선택 사항) _____ / _____

■ 감각기능

시각(정상/비정상)

청각(정상/비정상)

■ 발달 상태(정상/비정상)

■ 신체 기능
■ 체내 수분 상태
■ 예방접종 – 해당 사항 없음
■ 메모 _____

정기검진일 _____

생후 2개월

연령 _____

생년월일 _____

이름 _____

■ 검진 기록
■ 신체 지수

　　　키 _____

　　　몸무게 _____

　　　머리 둘레 _____

　　　혈압(선택 사항) _____ / _____

■ 감각기능

　　　시각(정상/비정상)

　　　청각(정상/비정상)

■ 발달 상태(정상/비정상)
■ 신체 기능
■ 체내 수분 상태
■ 예방접종

　　　B형 간염 - 2차 접종

　　　로타바이러스(RV) - 1차 접종

　　　디프테리아, 파상풍, 백일해(DTaP) - 1차 접종

　　　유행성 감기 - 1차 접종

　　　폐렴(PCV) - 1차 접종

　　　소아마비- 1차 접종

■ 메모 _____

정기검진일 _____

생후 4개월

연령 _____

생년월일 _____

이름 _____

■ 검진 기록

■ 신체 지수

　　키 _____

　　몸무게 _____

　　머리 둘레 _____

　　혈압(선택 사항) _____ / _____

■ 감각기능

　　시각(정상/비정상)

　　청각(정상/비정상)

■ 발달 상태(정상/비정상)

■ 신체 기능

■ 체내 수분 상태

■ 예방접종

　　로타바이러스(RV) - 2차 접종

　　디프테리아, 파상풍, 백일해(DTaP) - 2차 접종

　　유행성 감기 - 2차 접종

　　폐렴(PCV) - 2차 접종

　　소아마비(IPV) - 2차 접종

■ 메모 _____

정기검진일 _____

생후 6개월

연령 _____

생년월일 _____

이름 _____

■ 검진 기록
■ 신체 지수

키 _____

몸무게 _____

머리 둘레 _____

혈압(선택 사항) _____ / _____

■ 감각기능

시각(정상/비정상)

청각(정상/비정상)

■ 발달 상태(정상/비정상)
■ 신체 기능
■ 체내 수분 상태

혈액검사 _____ 혈중 납 농도 검사 _____

■ 예방접종

B형 간염 - 3차 접종

로타바이러스(RV) - 3차 접종

디프테리아, 파상풍, 백일해(DTaP) - 3차 접종

유행성 감기 - 3차 접종

폐렴(PCV) - 3차 접종

계절적으로 또는 해마다 유행하는 인플루엔자(의사와 상의)

■ 메모 _____

정기검진일 _____

생후 9개월

연령 _____

생년월일 _____

이름 _____

■ 검진 기록

■ 신체 지수

      키 _____

      몸무게 _____

      머리 둘레 _____

      혈압(선택 사항) _____ / _____

■ 감각기능

      시각(정상/비정상)

      청각(정상/비정상)

■ 발달 상태(정상/비정상)

■ 신체 기능

■ 체내 수분 상태

■ 예방접종 - 이전의 예방접종을 다시 할 필요 없음

■ 구강 검사

■ 메모 _____

정기검진일 _____

생후 12개월

연령 _____

생년월일 _____

이름 _____

■ 검진 기록
■ 신체 지수

      키 _____ 몸무게 _____

      머리 둘레 _____ 혈압(선택 사항) _____ / _____

■ 감각기능

      시각(정상/비정상)   청각(정상/비정상)

■ 발달 상태(정상/비정상)
■ 신체 기능
■ 체내 수분 상태

      혈액검사 _____ 혈중 납 농도 검사 _____

■ 예방접종

      B형 간염 – 4차 접종

      유행성 감기 – 4차 접종

      폐렴(PCV) – 4차 접종

      계절적으로 또는 해마다 유행하는 인플루엔자(의사와 상의)

      로타바이러스(RV) – 3차 접종

      홍역, 유행성 이하선염, 풍진(MMR) – 1차 접종

      수두 – 1차 접종

      A형 간염 –1차 접종

■ 구강 검사
■ 메모 _____

정기검진일 _____

자주 묻는 질문

아기의 체온이 지나치게 높아지기도 하나요?

아기의 체온이 지나치게 높아지는 현상을 '고열'이라고 합니다. 고열 자체는 큰 문제가 되지 않습니다. 다만, 열이 나는 것은 감염이 되었다는 신호입니다. 거의 모든 종류의 감염(대부분 바이러스성) 증세는 고열을 동반합니다. 고열은 감염의 확산 속도를 늦추는 역할을 하기도 합니다. 높은 온도에서는 바이러스의 복제 속도가 느려지기 때문입니다. 아기의 체온이 39.5℃ 미만일 때는 별도의 치료가 필요하지 않다고 보는 의사선생님들도 있습니다.

고열의 심각성은 열이 얼마나 높은지, 얼마 동안 지속되었는지, 어떤 증상이 동반되었는지에 따라 달라집니다. 아기의 체온이 40℃를 오르내릴 때는 가제 수건을 미지근한 물에 적셔 아기의 몸을 닦아 주고, 아세트아미노펜이나 이부프로펜을 먹이도록 합니다. 고열 증세가 3일 이상 지속되었다면 의사에게 문의해야 합니다.

고형식은 언제부터 먹이는 것이 좋은가요?

영양과 발달 측면에서 볼 때, 6~9개월 이전에는 고형식을 먹일 필요가 없습니다. 아기가 고형식에 관심을 보이는 것은 고형식을 먹을 준비가 되었는지 알 수 있는 좋은 신호입니다.

기저귀는 얼마나 필요하며,
배변 훈련은 언제부터 시작하는 것이 좋은가요?

평균적으로 생후 1년 동안에만 2,200~2,900장의 기저귀가 필요합니다. 배변 훈련을 시작하는 시기는 문화와 생활 방식에 따라 다릅니다. 어떤 부모들은 생후 첫 주부터 배변 훈련을 시작하기도 합니다. 아기가 소변을 보려는 신호가 뚜렷하게 나타나면 아기용 변기 위에 아기를 앉히고 소변을 보게 하는 것이지요. 부모의 칭찬을 알아들을 수 있는 생후 18개월 이후에 시작하는 경우가 많습니다. 그런가 하면 아기의 의사 표현 능력이 발달해 배변 훈련 속도가 빨라지는 3세 이후에 시작하는 부모들도 있습니다.

예방접종을 꼬박꼬박 하는데도 아기가 자꾸 아픈 이유는 무엇인가요?

생후 첫 1년은 아기의 면역 체계가 발달하는 시기입니다. 병원에서 정기적으로 검진과 관리를 받는다 해도, 아기들이 걸리는 질병의 70%는 바이러스에 의해 발생합니다. 바이러스성 질병은 일반적으로 인체의 면역 체계에 의해 낫게 됩니다. 아기가 새로운 바이러스성 질병에 걸렸다는 것은 그 질병에 대한 면역력을 기를 수 있는 기회인 것이지요.

아기는 보통 생후 1년 동안 여러 종류의 질병을 앓게 됩니다. 아기가 질병에 잘 걸리는 것은 알레르기의 징후일 수 있습니다. 또한, 폐렴, 포도상구균 감염, 뇌수막염처럼 심각한 세균성 감염 증상이 반복적으로 나타난다면 더욱 심각한 상태일 수 있습니다. 이 경우에는 의사와 상의해야 합니다.

하루 중 언제든 의사선생님께 연락할 수 있나요?
진료 시간 이후에는 어디로 문의해야 하나요?

응급 상황일 때는 반드시 119에 먼저 전화하셔야 합니다. 진료 시간 이후 아기의 상태가 위급할 경우에 대비해 대부분의 병원에서는 담당 의사나 당직 의사에게 전화를 걸어 도움을 요청할 수 있도록 하고 있습니다. 담당 의사와 직접 연결될 수 있는 전화번호나 이메일 주소를 사전에 알아 두면 편리합니다.

예방접종을 꼭 해야 하나요?

이 질문을 하는 부모님들은 다음 세 가지 유형 중 하나에 해당됩니다.

1 아기의 면역력을 키워 주고, 대한소아과학회의 일정에 따라 예방접종을 하는 경우

2 접종 일정을 변경하고자 하는 경우. 다시 말해, 예방접종의 주기를 길게 잡으려 한다거나, 우려되는 특정 백신을 맞히지 않으려는 경우

3 예방접종을 하지 않는 경우

특정 백신에 사용되는 방부제나 첨가물에 대해 걱정하는 부모님들이 있는데, 티오머살(수은 방부제)은 현재 재부분의 백신에서 사용되지 않고 있습니다. 소량의 알루미늄은 백신의 효과를 높이기 위해 첨가되고 있습니다.

아기는 스스로 면역력을 강화하는 능력이 없기 때문에, 아기의 건강을 위해 필요한 모든 정보를 취합해 정확한 결정을 내리는 것은 부모님의 몫입니다.

정보가 너무 많아요. 어떤 것을 믿어야 하죠?

많은 초보 엄마들이 아기를 돌보는 과정에서 과다한 정보에 노출되곤 합니다. 다음의 가이드라인에 따라 정보를 선별해 보세요.

1 본능과 직감을 믿으세요.

2 아기와 현재 상황을 책임져야 하는 것은 엄마 자신이라는 사실을 명심하세요.

3 한 사람이 모든 아기에 대한 전문가가 될 수는 없습니다. 엄마의 특성과 육아 방식에 맞는 정보를 찾으세요.

이럴 땐 이렇게

아기의 건강에 문제가 생겼을 때 다음의 문제 해결 가이드라인을 이용하면 몇 가지 일반적인 문제들을 해결할 수 있습니다. 문제가 지속되면 의사에게 문의하세요.

문제	원인	치료법
아기에게서 좋지 않은 냄새가 나요.	방귀	선풍기를 켜서 방 안의 냄새를 뺀다.
	변 묻은 기저귀	기저귀를 갈아 채운다.
	설사(잦은 변, 참기 힘든 냄새)	설사를 치료한다(p.202).
변의 상태: 검은색	태변	없음. 태변은 아기의 장 속에 머물다가 출생 1~2주 후에 배출된다.
덩어리짐	모유	없음. 모유를 먹는 아기가 씨앗처럼 덩어리진 대변을 보는 것은 정상이다.
녹색	콩류	아기가 먹는 음식이 대변의 색깔과 농도에 영향을 미친다. 녹색 변은 정상이다.
불쾌한 냄새를 풍기지 않아요.	변비	아기의 항문 체온을 재 본다. 글리세린 좌약을 삽입한다. 변이 나오지 않으면 의사에게 문의한다.
눈물을 흘려요.	다양하다.	'아기가 울어요.' 항목 참고(p.240)
콧물을 흘려요.	알레르기이거나, 이가 나거나, 몸이 아플 때	부드러운 티슈로 콧물을 닦아 준다. 의사와 상의한다.
침을 흘려요.	이가 날 때	아기가 씹을 수 있도록 얼린 물건이나 차가운 물건을 준다. 턱받이를 해 주어 침이 흡수되게 한다.

문제	원인	치료법
대변이 샜어요.	장이 꽉 찼을 때	'먹은 것을 토해요,' 항목 참고 (p.240)
	기저귀를 잘못 채웠을 때	기저귀를 갈아 채운다. (남자아기에 한해) 음경이 아래쪽을 향하게 한다.
	기저귀가 넘쳤을 때	기저귀를 갈아 채운다.
아기가 소변을 보지 않아요.	탈수	수분 섭취량을 늘린다. 소아과에서 처방받은 전해질 용액을 먹인다. 의사와 상의한다.
음식을 소화시키지 못해요.	배가 부를 때	한 시간 동안 기다렸다가 다시 먹인다.
	몸이 아플 때	의사와 상의한다.
먹은 것을 토해요.	배가 부를 때	그만 먹인다.
	가스가 찼을 때	트림을 시킨다. 토사물을 닦아 준다.
	몸이 아플 때	의사와 상의한다.
세워서 안으면 울어요.	기저귀가 젖거나 대변이 묻었을 때	기저귀를 갈아 준다.
	배가 고플 때	젖을 먹인다.
	더울 때	아기의 옷 입은 상태를 확인하고 갈아 입힌다.
	추울 때	아기의 옷 입은 상태를 확인하고 갈아 입힌다.
	피곤할 때	아기를 재운다.
	가스가 찼을 때	트림을 시킨다.
	외로울 때, 무서울 때, 다쳤을 때	아기에게 애정을 표현하고 달래 준다. 젖이나 인공젖꼭지를 물린다.

문제	원인	치료법
가로로 안으면 울어요.	귓병	양쪽 귀에 소량의 올리브 오일을 한 방울씩 떨어뜨려 준다.
어떤 자세로 안아도 울어요.	몸이 아플 때, 이가 날 때, 배앓이를 할 때	30분이 넘도록 울음을 그치지 않으면 의사와 상의한다.
아기가 잠들지 않아요.	피곤하지 않을 때	아기와 놀아 준다. 아기를 데리고 산책한다.
다시 잠들지 않아요.	지나치게 피곤할 때, 과도한 자극을 받았을 때	아기에게 더 이상 자극을 주지 않는다. 전등을 끈다. 아기를 부드럽게 흔들어 준다. 다시 재워 본다.
잠을 깨요.	기저귀에 소변이나 대변이 묻었을 때	기저귀를 갈아 준다.
	배가 고플 때	젖을 먹인다.
	불편할 때	아기가 상품 꼬리표나 장난감에 찔리지 않도록 한다. 옷을 갈아입힌다. 가벼운 시트나 이불을 빼거나 더 덮어준다.
아기가 아무리 달래도 잠들거나, 다시 자거나, 잠을 잘 생각을 하지 않아요.	무서울 때	아기에게 애정을 표현하고 달래 준다.
	방법을 모를 때	아기가 스스로 잠들도록 훈련을 시키거나 엄마가 수면 모드에 들어간다.